信盈达嵌入式系统实践系列丛书

U0168019

MicroPython 开发与实战

雷学堂　牛乐乐　侯周国　胡智元　编著

北京航空航天大学出版社

内 容 简 介

本书共分为 5 部分。第 1~3 章主要介绍 MicroPython 以及 Python 语言基础;第 4~5 章重点针对 ESP32 与 MicroPython 的实践性操作;第 6~7 章重点阐述 MicroPython 在物联网的应用;第 8 章展现如何修改 MicroPython 源码与添加自定义库的方法;第 9 章为一个智能农业的项目实践。

本书对智能物联网时代面临的挑战,以及 MicroPython 的基础知识做了清晰的阐述,有助于读者整理思路,了解需求,并更有针对性、有选择地深入学习相关知识。

本书适用于自动化专业、计算机专业等在校大学生以及嵌入式爱好者。

图书在版编目(CIP)数据

MicroPython 开发与实战 / 雷学堂等编著. -- 北京 :
北京航空航天大学出版社,2021.12
ISBN 978 - 7 - 5124 - 3678 - 7

Ⅰ. ①M… Ⅱ. ①雷… Ⅲ. ①软件工具—程序设计
Ⅳ. ①TP311.561

中国版本图书馆 CIP 数据核字(2021)第 271684 号

MicroPython 开发与实战

雷学堂　牛乐乐　侯周国　胡智元　编著
策划编辑　董立娟　　责任编辑　刘晓明　苏永芝
*
北京航空航天大学出版社出版发行

北京市海淀区学院路 37 号(邮编 100191)　　http://www.buaapress.com.cn
发行部电话:(010)82317024　传真:(010)82328026
读者信箱:emsbook@buaacm.com.cn　　邮购电话:(010)82316936
涿州市新华印刷有限公司印装　各地书店经销
*
开本:710×1 000　1/16　印张:17.5　字数:373 千字
2022 年 1 月第 1 版　2024 年 10 月第 5 次印刷　印数:4 001~5 000 册
ISBN 978 - 7 - 5124 - 3678 - 7　定价:59.00 元

前　　言

作者多年来一直从事物联网方向的嵌入式开发工作,用的一直都是 C 语言。机缘巧合下了解了 MicroPython,发现通过 Python 脚本可以更加便捷地控制硬件,就比较感兴趣。经过多年的学习与实践,将 MicroPython 融入实际的项目开发中确实可以在某些场合提供便利。作者把这些成果整理出来分享给大家,以便大家了解MicroPython 的有趣之处。

Python 语言的优点是功能强大、语言简洁、容易上手,目前其热度仅次于 C 语言。但是,对于想要学习单片机的一些人而言,前期可能就已经被 C 语言的复杂程度搞得一头雾水了,所以选择一门较为容易上手的语言来进行单片机学习还是尤为重要的。作者认为,使用 MicroPython 对于单片机的学习会有很大的帮助。

如何快速入门 MicroPython 相关的内容呢? 相信这是不少读者的困惑所在。作者在此提出以下建议:首先,要掌握好 Python 的基本语法。本书的前 3 章内容就是关于 Python 的一些基本语法以及相关进阶的线程操作,供学有余力的读者进行学习。只要按照本书的练习以及相关的例程来学习,相信都是可以做到初入 Micro-Python 的门槛的。其次,要掌握一些网络协议的基本概念。一般而言,按照本书第9 章智能农业大棚的项目实践流程来运行,可以轻松地把相关知识点融汇贯通。

为了更好地理解本书内容,读者应具备基本的硬件原理基础以及单片机基本原理知识。如果读者从事单片机开发工作或者是电子专业的在校大学生,将会很容易理解书中的知识;如果读者从事计算机专业方向的工作,只需要有些硬件概念,在学习本书过程中逐步补充单片机知识即可。

本书特点如下:

① 遵循循序渐进的学习方式,由浅入深地介绍 MicroPython 的相关知识。本书的内容安排更接近于读者的一个学习历程,最初章节是一些简单的知识点辅以一些较为有趣的案例,让读者在学习的过程中不会感觉到过于枯燥;一些难以掌握的知识点放在较为靠后的章节,方便读者先在前文学会使用方法,再在后文加深知识点的理解。

② 本书的内容基本上都是以应用作为主要的描述过程,在应用中不断地深化相关学习过的知识点,这样可以让读者在学习时不至于处于一个只知道理论知识而不知道具体怎么去应用的状态。对于书中一些暂时还不能理解的案例,读者可以先记

录下来,后面如果遇到相同的情况直接应用即可,这样也便于广大读者的工作需要。

③ 提供了大量的实际程序源码,这些源码都是经过作者的初步验证的。作者深知在学习过程中理解内容描述却没有实际代码效果验证的苦恼,所以提供了大量的案例方便读者去理解和使用。当然,不同的平台,可能会有一些错漏问题,敬请读者批评指正,并将修改意见反馈给我们。

④ 把重难点知识都做了详细的讲解并且辅以图片帮助读者进行理解。本书使用的案例都有相应的运行结果供读者进行参考,所以在学习过程中不必担心出现不知道自己的运行结果是否正确的问题,这也是本书较为突出的一个优点所在。

⑤ 项目实践使用的并不是一款实际出现在市面的产品。考虑到阅读本书的读者可能都是一些初入门的 MicroPython 程序员,如果安排较为复杂的产品项目案例,可能不易让他们快速上手,所以一些效果基本都是采用串口打印的形式,但是这也是一些喜欢 DIY 的程序员的福音,这样并没有过于限制各位读者的发挥,而可以根据本书介绍的知识来扩展出更多的功能。

⑥ 体现理论与实践的平衡、通用与具体对象的平衡。在原理阐述方面,主要为应用作基础,立足点在应用。为了体现"通用",书中把一些基本原理,按照"芯片无关"的方式进行阐述或编程,然后再结合具体芯片进行分析,使读者更好地理解基本原理。

本书共分为 5 部分。第 1~3 章主要介绍 MicroPython 以及 Python 语言基础;第 4~5 章重点针对 ESP32 与 MicroPython 的实践性操作;第 6~7 章重点阐述 MicroPython 在物联网的应用;第 8 章展现如何修改 MicroPython 源码与添加自定义库的方法;第 9 章为一个智能农业的项目实践。在本书的编写过程中,参考了大量的文献资料,在此向这些文献的作者表示衷心的感谢。

本书由广东信盈达技术有限公司、黄冈师范学院以及湖南人文科技学院联合编写。各章编写分工为:第 1~4 章由雷学堂编写;5~6 章由牛乐乐编写;第 7~8 章由侯周国编写;第 9 章由胡智元编写。在本书的编写过程中,还得到了吴成宇、秦培良、范文豪、李展豪的大力支持和帮助,在此表示诚挚的谢意。

本书配套的开发软件、硬件资料、实例源程序、教学课件、实验指导、芯片资料等均可从 http://www.edu118.cn/下载,相关的硬件环境信息及咨询方式也可从该网站获得。

作 者

2021 年 7 月

目 录

第**1**章

MicroPython 介绍

1.1 MicroPython 的起源

目前最热门的开源硬件是 MicroPython，它是剑桥大学的 Damien George 教授的智慧结晶。Damien George 是一位每天使用 Python 的计算机工程师，同时也在做一些机器人项目。有一天，他突然冒出一个想法：可以用 Python 语言来控制单片机，来实现对机器人的控制吗？

许多读者可能知道，Python 是一种非常容易使用的脚本语言，语法简洁，使用简单，功能强大，易于扩展。此外，Python 得到了强大的社区的支持，并有大量的库可供使用。它的网络和计算功能也很强大，可以很容易地与其他语言一起使用。用户还可以开发自己的库。因此，Python 被广泛应用于工程管理、网络编程、科学计算、人工智能、机器人、教育等众多行业，并长期处于编程语言的前五名。更重要的是，Python 是完全开源的，不像 Windows 和 Java 那样是由一些大公司控制和影响的，它完全是由社区驱动和维护的，因此 Python 受到越来越多的开发人员的青睐。遗憾的是，由于硬件成本、性能、开发习惯等原因，近年来 Python 在通用嵌入式应用程序中并没有太多用处。

随着半导体技术和制造工艺的快速发展，芯片的升级换代速度越来越快。芯片的功能、内存容量和资源都在增加，而成本却在降低。特别是，随着 ST 和 Lexin 等公司越来越多地使用具有成本效益的芯片和解决方案，可以在低端嵌入式系统上使用 Python。

Damien 花费了 6 个月的时间开发了 MicroPython。MicroPython 本身是使用 GNU C 开发的，Python3 的基本功能是在 ST 公司的单片机上实现的，具有完整的解析器、编译器、虚拟机和类库。在保留 Python 语言主要特性的基础上，他还对底层嵌入式系统进行了很好的封装，将常用函数封装到库中，甚至为一些常用的传感器和硬件编写了专用的驱动程序。用户使用时，只需要调用这些库和函数，就可以快速控制 LED、LCD、舵机、各种传感器、SD、UART、I^2C 等，实现各种功能，而不需要学习底层模块的使用方法。这不仅降低了开发的难度，而且减少了重复的开发工作，可以加快开发速度,提高开发效率。过去,一个高技能的嵌入式工程师需要几天甚至几周的时间才能完成的工作,现在嵌入式开发人员只需几个小时就能完成,而且简单得多。

MicroPython 以其开放的架构和 mit 许可的方法,在很短的时间内变得非常流行,世界各地的许多爱好者都在使用它来制作产品和有趣的应用程序。

1.2　MicroPython 的发展

为了推广 MicroPython,Damien George 在 2014 年为 Pyboard (PYB V1.0)发起了 KickStarter 活动。PYB V1.0 是专门为 MicroPython 设计的,它采用 STM32F405RG 单片机,开发板配有四个不同颜色的 LED 指示灯、一个三轴加速度传感器、microSD 插座,可以通过 USB 下载用户程序和固件升级,使用非常方便。PYB V1.0 在 Kick-Starter 上取得了巨大的成功,并立即获得了来自世界各地的工程师和爱好者的关注和参与。它获得了很高的评价,很快被移植到多个硬件平台上,许多爱好者用它做了各种有趣的事情。

MicroPython 最初是在 STM32F4 微控制器平台上实现的,现在已经移植到 STM32L4、STM32F7、ESP8266、ESP32、CC3200、dsPIC33FJ256、MK20DX256、Microbit、MSP432、XMC4700、RT8195 等多个硬件平台上。越来越多的开发人员正在使用 MicroPython 开发嵌入式应用程序,并在 Web 上共享它们。

MicroPython 并不是在微控制器上进行 Python 编程的唯一尝试。更早也有像 PyMite 这样的开源项目,但它们都没有真正完成。MicroPython 是第一个真正的嵌入式系统,它完全实现了 Python3 的核心功能,可以用于实际的产品开发。

除了 MicroPython,在嵌入式系统上还有 Lua、JavaScript 和 MMBasic 等脚本语言可用。然而,它们不像 MicroPython 那样完整,性能不如 MicroPython 好,在可移植性、使用简便性等方面存在弊端,而且它们可用的资源很少,所以影响不是太大,只是对制造者和 DIY 的应用程序。

1.3　MicroPython 与 Pyboard 的关系

1.3.1　MicroPython 与 Pyboard 介绍

广义上,MicroPython 指的是一种收集系统;狭义上,MicroPython 通常被理解为一个软件系统。Pyboard 是指可以运行 MicroPython 软件系统的硬件平台。同样,狭义的 Pyboard 是由 Microboard 正式设计的开发板,采用的单片机是 ST 公司的 STM32 系列。由于它的普及和推广以及公众不成文的规定,任何能够运行 MicroPython 系统的平台都可以成为 Pyboard。

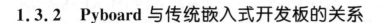

1.3.2　Pyboard 与传统嵌入式开发板的关系

Pyboard 的出发点是更简单地开发应用程序,它的目的是削弱支持包的封装能力。对单片机底层的操作,利用板级 Pyboard 可以充当 STM32 核心板,如果用户熟悉嵌入式开发(熟悉 C 语言并了解电路),则可视为传统的开发平台。基于这些原因,传统开发经常使用 SWD 接口,在 Pyboard 中也有类似的用法。

1.3.3　学习 MicroPython 是否还需要学习以 C 语言为首的嵌入式开发

MicroPython 的出现是由于半导体技术的发展,使得硬件性能过剩。实际上,使用 MicroPython 代码开发的效率比使用 C 代码开发的效率要低,但由于用户的应用需求不是那么严格,效率问题可以忽略不计,尤其是对于 DIY 和电子产品爱好者。然而,在专业的产品开发中,实际需求往往超出了 MicroPython 的范畴,需要用传统的开发方法来克服它们。

1.4　MicroPython 系统结构

MicroPython 系统架构由微控制器硬件、MicroPython 固件和用户程序组成。虽然硬件和 MicroPython 固件是基本的和相对固定的,但用户程序可以随时更改,并且能够在系统上存储多个用户程序,以便随时调用或切换,这是使用 MircoPython 的另一个优点和特点。当开发板刚开发出来或有新的官方固件时,用户可以重新下载 MicroPython 固件,类似于重新安装计算机,如果用户不小心"破坏"了应用程序中的 MicroPython 固件,可以通过板子上的按钮操作恢复出厂设置。

1.5　MicroPython 的优势

1.5.1　编译环境

C 语言、汇编语言在编写程序之前,需要下载编译环境,但是 MicroPython 不需要任何编译环境,只需将开发板的 U 端口插入计算机,就可以在计算机上出现驱动器号,就像插入一个 U 驱动器,然后打开 U 驱动器,直接编译即可。MicroPython 不需要工具和环境,它可以使用任何文本工具和开发板进行开发和编译,因此也被称为袖珍编程计算机。

1.5.2　操作难度

汇编语言的基本操作简单,但实现复杂的项目目标相对困难,代码冗长,调试和错误检查困难;C 语言有语句和大量的库函数,比汇编语言简单;MicroPython 的库函数比 C 语言多,代码格式变得简洁,有了库的支持,许多函数和方法不需要自己编写,可以直接导入到相应的芯片内部,导入类库。例如,过去点亮一盏灯需要编写 5~6 行代码,现在只需要 1 行代码即可实现,非常简单。

1.5.3　程序结构

汇编语言整体使用跳变结构,无论是循环语句还是判断语句,中断操作或被迫离开的程序段的运行都需要一个堆栈的精确控制,要求是非常严格的;C 语言一般使用循环结构或序列结构,不再需要跳来跳去执行程序,中断操作会自动压入堆栈而无需人工干预,在时序要求下可以嵌入汇编以提高效率;MicroPython 既可以使用 C 程序结构也可以使用线程结构。线程结构要求严格合理地分配线程工作时间,没有冲突,有良好的资源控制,没有空闲线程浪费资源,从理论上讲,多线程可以更高效地运行。虽然单核只能同时运行单个线程,但从宏观上看是同步的,在时间要求不严格的情况下可以有效降低编程难度。

1.5.4　编写方式

汇编语言在装配没有宏指令的代码时,通常是直接操作单位的,所以需要记住大量的数据单元,且由于程序行数(也许 1 行或 2 000 行)很多,来回翻看会显得操作十分复杂,又因为它们是 8 位的单元,需要完成复杂的数据操作;C 语言使用任何变量都需要首先定义,而不需要记住变量的名称,整体结构清晰。大多数编程软件的功能跳转子程序,查找程序块非常方便,且有大量的头文件包含各种常用的函数,相对减少复杂的程序代码编写;MicroPython 继承了 C 编写的优点,且不需要预定义,不需要任何结束符号,只需要一个换行即可继续编写,但要注意在某些特殊情况下 Tab 键的使用。

1.5.5　易读性

汇编语言本身标记少且直接操作单元,视觉结构上不仅只有两列代码而且需要不断地跳转,所以很难阅读;C 语言代码清晰,操作简单,但是复杂的代码用 C 语言来分析非常不方便;MicroPython 比 C 语言更容易阅读,而且由于消除了许多特殊符号,整体感觉更加清晰,许多方法都是在单独的库中编写的,可以直接调用,每个函数都有自己的类库,这看起来非常方便和清晰。

目前,人工智能是当今社会发展的主流。MicroPython 的出现为许多嵌入式初学者提供了一个良好的开发平台以及硬件开发的机会。它比 C 语言更容易学习,更适合教育,每个人都可以学习编程。MicroPython 的未来市场是非常大的,是比 Arduino 更强大、更容易编程的开发板。

1.6　MicroPython 的应用

因为 MicroPython 是一种控制单芯片微型计算机的 Python 语言,所以单芯片微型计算机能做什么基本上反映了它能做什么。

目前,单片机已经渗透到我们生活的各个领域,几乎很难找到哪个领域没有单片机的踪迹。导弹导航装置、控制飞机各种仪表、计算机网络通信和数据传输、实时控制和数据处理、工业自动化过程中广泛应用的各种智能 IC 卡、民用豪华汽车防盗系统、摄像机、自动洗衣机控制、程控玩具、电子宠物等,这些都离不开单片机。更不用说机器人、智能仪器、医疗仪器和各种自动控制领域的智能机器了。因此,单片机的研究、开发和应用将造就一批计算机应用和智能控制的科学家、工程师。单片机广泛应用于仪器仪表、家用电器、医疗设备、航空航天、特种设备的智能管理和过程控制等领域,大致可分为以下几类:

1.6.1　智能仪器

单片机具有体积小、功耗低、控制功能强、扩展灵活、微型化和使用方便等优点,广泛应用于仪器仪表中,结合不同类型的传感器,可实现诸如电压、电流、功率、频率、湿度、温度、流量、速度、厚度、角度、长度、硬度、元素、压力等物理量的测量。采用单片机控制使得仪器仪表数字化、智能化、微型化,且功能比采用电子或数字电路更加强大。

1.6.2　工业控制

单片机可以构成多种形式的控制系统、数据采集系统、通信系统、信号检测系统、无线传感系统、测控系统、机器人等应用控制系统。例如,工厂流水线的智能化管理、电梯的智能化控制、各种报警系统、计算机联网等构成了一个二次控制系统。此外,在工业捕集器检测方面也得到了实质性的推进。

1.6.3　家用电器

目前,家用电器广泛采用单片机控制,从电饭煲、洗衣机、冰箱、空调、彩电等音视频设备,再到电子称重设备和白色家电等。

1.6.4　网络和通信

现代单片机一般都有一个通信接口,可以很方便地与计算机进行数据通信,为计算机网络和通信设备的应用提供了优良的物质条件,现在的通信设备基本实现了单片机的智能控制,从开发板、电话机、小程序控制交换、自动通信呼叫系统、无线通信,再到日常工作中的无处不在的手机、移动通信、无线电对讲机等等。

1.6.5　医用设备领域

单片机还广泛应用于医疗设备,如医用呼吸机、各种分析仪、监视器、超声波诊断设备和医院病床呼叫系统等。

1.6.6　模块化系统

设计一些单片机来实现特定的功能,从而在各种电路中进行模块化应用,而不需要用户了解其内部结构。如集成音乐的微控制器,看似功能简单,微缩于纯电子芯片(不同于磁带机的原理),它需要复杂的类似于计算机的原理。例如,音乐信号以数字形式存储在内存中(类似于 ROM),由微控制器读出,并转换成模拟音乐电信号(类似于声卡)。在大型电路中,这种模块化应用大大减小了尺寸,简化了电路,降低了损坏和错误率,而且易于更换。

1.6.7　汽车电子

单片机广泛应用于汽车电子领域,如汽车发动机控制器、基于 CAN 总线的汽车发动机智能电子控制器、GPS 导航系统、ABS 防抱死系统、制动系统、胎压检测等。

1.6.8　其　他

单片机在工商、金融、科研、教育、电力、通信、物流、国防以及航空航天等领域都有着非常广泛的应用。

1.7　Python 环境搭建

"工欲善其事,必先利其器"。要想更好地完成 Python 编程,就要先完成开发工具的下载与安装。

1.7.1　IDLE 下载

开发工具 IDLE 的下载基本步骤如下:

第一步:进入 Python 官网下载 IDLE 工具,建议下载 Python3.8.2 版本的 IDLE。在浏览器输入 Python 主页地址 https://www.python.org/,打开该网址后,按照如图 1.1 和图 1.2 所示的步骤下载。此处以下载并安装 64 位版本的 Python3.8.2 为例讲解。

第二步:从 Python 官网上下载下来的是 msi 类型的可执行文件,双击该 msi 文件即可进入安装页面,但是,以下几点安装要求需要注意:

① 切记不要安装在任何有中文的目录下;

② IDLE 分为 32 位版本和 64 位版本,可以根据自己操作系统的不同来进行选择:

图 1.1　下载 Windows 版本 IDLE

■ Python 3.8.2 - Feb. 24, 2020

Note that Python 3.8.2 *cannot* be used on Windows XP or earlier.

- Download Windows help file
- Download Windows x86-64 embeddable zip file
- Download Windows x86-64 executable installer
- Download Windows x86-64 web-based installer
- Download Windows x86 embeddable zip file
- Download Windows x86 executable installer
- Download Windows x86 web-based installer

图 1.2　下载 3.8.2 版本

ⓐ 如果是 32 位 Windows 操作系统的 XP/Win7/Win8/Win10 版本,只可以选择安装 32 位版本的 IDLE;

ⓑ 如果是 64 位 Windows 操作系统的 Win7/Win8/Win10 版本,既可以安装 32 位版本的 IDLE,也可以安装 64 位版本的 IDLE(注意:IDLE 版本可以向下进行兼容)。

1.7.2　安　装

在安装过程中,需要安装 IDLE 开发工具,详细图解如下:

第一步:双击可执行文件开始安装,选择 Customize installation 选项,并勾选 Add Python 3.8 to PATH 选项,如图 1.3 所示。

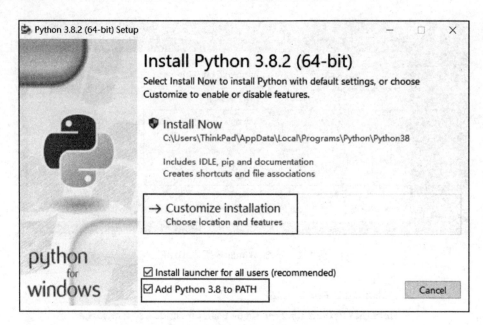

图 1.3 开始安装

第二步：单击 Next 按钮，如图 1.4 所示。

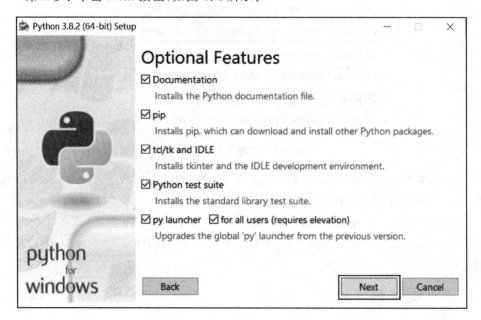

图 1.4 继续下一步

第三步：选择安装路径，如图 1.5 所示。

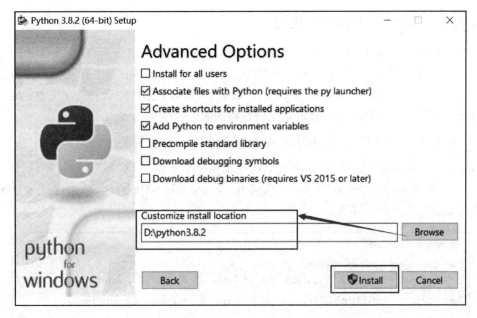

图 1.5　更改安装目录

第四步：单击 Install 按钮，即可进入安装页面，如图 1.6 所示。

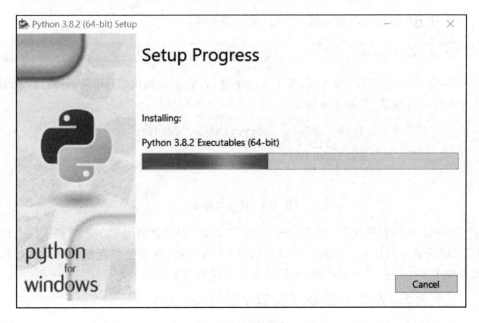

图 1.6　正在安装

第五步:等待安装完成界面。

1.7.3 第一个 Python 程序

当下载并安装 IDLE,且成功配置了 python. exe 的环境变量后,即可编译并运行第一个 Python 程序。在 Windows 系统中,运行第一个 Python 程序有三种不同的方式,分别是:在 IDLE 中直接运行 Python 代码;在 DOS 窗口中运行. py 文件;在 IDLE 中运行. py 文件。下面介绍详细的操作步骤。

1.7.3.1 方式 1:在 IDLE 中直接运行 Python 代码

在 IDLE 中直接运行 Python 代码的详细步骤如下:

① 在 Windows "开始"菜单中,找到 IDLE(Python GUI)程序,单击打开该程序进入如图 1.7 所示的界面。

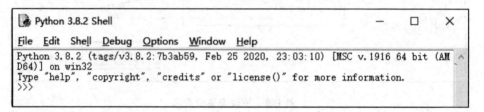

图 1.7 IDLE 界面显示

② 在 IDLE 界面的提示符 >>> 后,输入如下代码:

```
print("HelloWorld")
```

③ 完成上述代码的输入后,按下 Enter 键,若能正常输出"HelloWorld",则表明该程序已运行成功,如图 1.8 所示。

```
Type "help", "copyright", "credits" c
>>> print("HelloWorld")
HelloWorld
>>>
```

图 1.8 代码与输出

对于上述的程序代码,当关闭该 IDLE 工具后,程序就消失了。若要再次运行该程序,则需要重新输入相同的代码,因此是极不方便的,要是能保存该程序后再运行就方便多了。若想实现此功能,可以选择下述两种方式中的一种。

1.7.3.2 方式 2:在 DOS 窗口中运行. py 文件

在 DOS 窗口中运行. py 文件的详细步骤如下:

① 创建 HelloWorld. py 文件,注意该文件以. py 结尾。

② 用记事本或其他文本编辑器(如:NotePad++、EditPlus 等)打开 HelloWorld. py 文件,并在该文件中写入如下代码:

```
print("HelloWorld")
```

③ 按下 Ctrl＋S 组合键快速保存该文件。

④ 按下 Win＋R 组合键打开命令窗口并输入 cmd 即可打开 DOS 命令行窗口,并将当前路径作为上述文件所在的路径。

⑤ 在 DOS 命令行窗口中输入 Python HelloWorld. py 编译 Python 源文件。

⑥ 当窗口中能正常输出"HelloWorld",则表明该程序已运行成功。此时,恭喜你,第一个 Python 程序已运行成功!

1.7.3.3　方式 3:在 IDLE 中运行.py 文件

在 IDLE 中运行.py 文件的详细步骤如下:

① 在 Windows "开始"菜单中,找到 IDLE(Python GUI)程序,单击打开该程序。

② 在 IDLE 界面中,依次单击 File→New File,如图 1.9 所示,或者直接按下 Ctrl＋N 组合键,将进入到一个新的编程窗口。

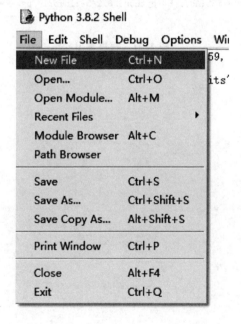

图 1.9　新建文件

③ 在已打开的新的编程窗口中,输入如下代码:

```
print("HelloWorld")
```

④ 完成上述代码的输入后,依次单击 File→Save,或者直接按下 Ctrl＋S 组合

键,即可保存该文件(文件以.py 结尾)。

　　⑤ 保存好程序代码后,即可运行该程序了。依次单击 Run→Run Module,如图
1.10 所示,或者直接按下 F5 键,即可运行 HelloWorld.py 文件。

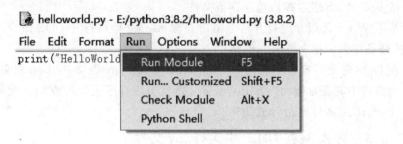

图 1.10　运行程序

　　⑥ 当窗口中能正常输出"HelloWorld"时,表明该程序已运行成功,如图 1.11
所示。

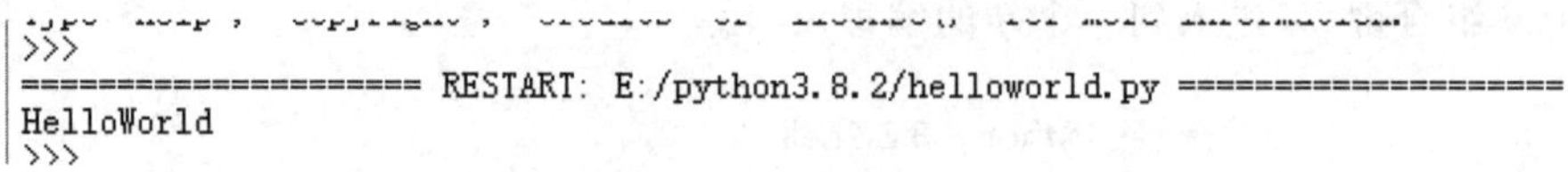

```
>>>
==================== RESTART: E:/python3.8.2/helloworld.py ====================
HelloWorld
>>>
```

图 1.11　程序输出

第 2 章

Python 语法基础

2.1 关键字

关键字是指 Python 语言里事先定义的、有特别意义的标识符,并赋予特定的含义,且是一些有专门用途的字符串。此外,需要注意的是:Python 关键字不能用作变量名、函数名、类名、模块名和参数名。

Python 关键字最大的一个特点就是所有字母均为小写字母。

Python 语言中,所有的关键字如表 2.1 所列。

表 2.1 Python 语言关键字

关键字一	关键字二	关键字三	关键字四	关键字五
and	del	from	not	while
as	elif	global	or	with
assert	else	if	pass	yield
break	except	import	print	class
exec	in	raise	continue	finally
is	return	def	for	lambda
try				

可以通过以下命令查看当前系统中 Python 的关键字,命令如下:

```
import keyword
keyword.kwlist
```

显示效果如图 2.1 所示。

```
Type "help", "copyright", "credits" or "license()" for more information.
>>> import keyword
>>> keyword.kwlist
['False', 'None', 'True', 'and', 'as', 'assert', 'async', 'await', 'break', 'cla
ss', 'continue', 'def', 'del', 'elif', 'else', 'except', 'finally', 'for', 'from
', 'global', 'if', 'import', 'in', 'is', 'lambda', 'nonlocal', 'not', 'or', 'pas
s', 'raise', 'return', 'try', 'while', 'with', 'yield']
```

图 2.1 Python 关键字

2.2 标识符

2.2.1 概 念

Python 语言中,对模块、类、函数、参数和变量等要素命名时所使用的字符序列称为标识符。通常情况下,有了标识符,就可以更好地对这些元素进行访问和操作处理。

2.2.2 标识符的规则

对于 Python 语言中的标识符,必须遵循以下规则:

① Python 标识符由数字、字母和下画线(_)组成;

② 不能以数字开头;

③ 标识符在 Python 中是区分大小写的,或者说对大小写敏感,如 Name 和 name 就是两个完全不同的标识符;

④ 一般地,Python 标识符对长度没有限制,但建议最好不要超过 15 个字符;

⑤ Python 标识符不能是 Python 语言中的关键字。

除了以上必须要遵循的规则外,标识符在定义时最好能"见其名,知其意",这样能更快速地提高代码的阅读性。

2.2.3 命名规则

现实生活中,没有规矩,就不成方圆。对于 Python 语言而言,一些特定要素的命名也是有命名规则的,而在计算机编程中,较为通用的命名规则有两类,分别是驼峰命名法、匈牙利命名法。

2.2.3.1 驼峰命名法

驼峰命名法因程序中某些要素的命名类似驼峰(见图 2.2)而得名,如:userName、SuperManager 等。

其实,驼峰命名法还可分为小驼峰式命名法和大驼峰式命名法,这主要是通过单词的第一个字母来区分这两种不同的分类的。

① 小驼峰式命名法(lower camel case)的规则是:第一个单词首字母小写,后面其他单词首字母均大写,例如:myName、littleDog 等;

图 2.2 驼 峰

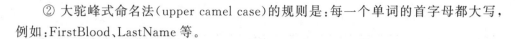

② 大驼峰式命名法(upper camel case)的规则是:每一个单词的首字母都大写,例如:FirstBlood、LastName 等。

2.2.3.2　匈牙利命名法

所谓"匈牙利命名法",指的是在某些要素名称前加上相应的小写字母的符号标识作为前缀,并标识出该要素名称的作用域、类型等,同时使用下画线(_)来连接所有的单词,例如:m_name、send_buf 等。这种命名法,大多用于诸如 C++、C♯ 之类的某些语言。

使用 Python 语言编程的过程中,通常使用的是驼峰命名法,而个别情况下会使用到匈牙利命名法,例如模块名、函数名、变量名等。此外,还需要注意,说明这些命名规则的目的是增加代码的可读性,同时让程序更加美观易懂。这些命名规则并不一定要绝对遵守,但是编写的程序最好能具备良好的可读性。

2.3　注　释

程序中的代码注释是程序设计者与程序阅读者之间通信的重要手段,能规范地进行必要的代码注释,对于软件本身和软件开发人员而言尤为重要。

通常情况下,规范的代码注释可以尽可能地减少一个软件的维护成本,因为几乎没有任何一个软件,能够在其整个软件开发的生命周期中均由最初的开发人员来维护,若软件中的代码注释足够规范,对于接手该软件开发的其他开发者是相当有帮助的。

在 Python 语言中,通常规范的代码注释约占程序代码总量的 30%。若在 Python 中注释了某些代码,那么运行时会绕开该注释部分,而不会识别该部分的描述内容。

2.3.1　注释的分类

在 Python 语言中,代码注释分为两类,分别是单行注释、多行注释。

2.3.1.1　单行注释

单行注释,即是在程序代码中单起一行并作相关的代码注释及说明。一般而言,单行注释可分为行头注释和行尾注释。

所谓"行头注释",就是在程序代码行的开头进行注释说明,主要为了使该行内容在运行时失去意义,注释格式如下:

```
##单行注释内容
```

或

```
#单行注释内容
```

示例代码如下：

```
＃＃输出一条语句
print("hahahahaha")
```

所谓"行尾注释"，就是在程序代码行的行尾进行注释说明，一般在程序代码行后空 4 个空格，而所有注释内容最好对齐，注释格式如下：

```
代码 + 若干空格(一般情况下,4 个空格即可) + ＃＃注释内容
```

示例代码如下：

```
print("Hello, boy.")    ＃＃输出一条语句
```

2.3.1.2　多行注释

多行注释，即是注释若干行，通常用于提供文件、函数、数据结构等的意义与用途的相关说明，或算法的描述。一般情况下，多行注释位于一个文件或一个函数前，起到引导性的作用；当然，也可以根据需要把该注释部分的内容放在合适的位置。

多行注释格式通常写成：

```
'''
多行注释内容
'''
```

或

```
"""
多行注释内容
"""
```

示例代码如下：

```
'''
这是一首古诗
《静夜思》
'''
print(" ====================")
print(" ======== 静夜思 =========")
print(" ========= 李白 ==========")
print("床前明月光,疑是地上霜。")
print("举头望明月,低头思故乡。")
print(" ====================")
```

2.3.2　Python 程序支持中文

在 Python 程序代码中,若直接使用到了中文,如下:

```
print("哈哈哈,你好!")
```

此时,若直接运行输出程序,则会出错,如图 2.3 所示。

F:\src\day02>python 2.py
　File "2.py", line 1
SyntaxError: Non-ASCII character '\xe5' in file 2.py on line 1, but no encoding declared; see http://python.org/dev/peps
/pep-0263/ for details

图 2.3　运行错误

解决的办法是在程序的开头写入如下代码(这就是中文注释):

```
# coding = utf - 8
```

修改之后的程序:

```
# coding = utf - 8
print("哈哈哈,你好!")
```

运行结果:

```
哈哈哈,你好!
```

注:若不是在控制台编译代码,而在 Python 的 IDLE 进行书写,则本身就支持中文,可以不加 # coding = utf - 8。

2.4　变量和变量的类型

2.4.1　变　量

变量,表示程序运行过程中数值会改变的量,如:a = 10,其中 a 表示的就是一个变量。此外,还需知道其他两个知识概念,那就是变量名、变量值。

变量名,表示的是定义变量的标识符。

变量值,表示内存单元中所装载的数据值。

> **变量小知识**
>
> 在程序中,有时候需要对 2 个数据进行求和,该怎么做呢?
>
> 举一个现实生活中的实际案例,比如去超市买东西,通常需要一个菜篮子,用它来存储物品,等到所有的物品都选购完成后,到收银台进行结账即可。

> 若在程序中,需要把 2 个数据或者多个数据进行求和,那么就需要把这些数据先存储起来,然后把它们累加起来即可。所谓变量,就可以理解为实际生活中存储物品的"菜篮子"。
>
> 说得更通俗一点,变量其实就是用来存储数据的。

必须要知道的是,变量其实就是内存中的一小块区域,通常需要使用变量名来访问这块区域。因此,每一个变量使用前必须要先定义,然后必须进行赋值,才能使用。定义变量的语法格式如下:

变量名 = 变量值

例如,在 Python 中,存储一个数据,就需要用到变量,代码如下:

```
num1 = 13      ##变量1
num2 = 20      ##变量2
result = num1 + num2      ##两个变量之和
```

2.4.2 变量的类型

为了能更充分地利用内存空间以及更有效率地管理内存,变量是有不同的类型的,如图 2.4 所示。

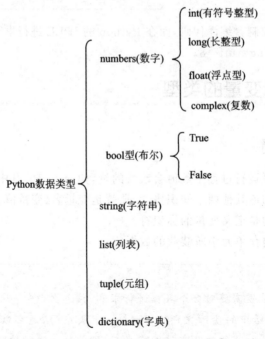

图 2.4 Python 数据类型

在 Python 中，只要定义了一个变量，且它有变量值后，它的类型就已经确定了，系统会自动辨别它的具体数据类型，而不需要开发者主动地去说明它的类型。

开发者可以使用"type(变量名)"的命令来查看变量类型，如下：

```
a = 100
print(type(a))
b = "hello"
print(type(b))
```

运行结果：

```
< type 'int' >
< type 'str' >
```

2.4.2.1　int 型

Python 中的 int 型数据在占用字节数不同的情况下所表示的内容稍有不同，如表 2.2 所列。

表 2.2　int 类型所占字节空间大小

类型	占用字节数	取值范围
int	4 字节(32 位)	$-2^{31} \sim 2^{31}-1$(即 $-2\ 147\ 483\ 648 \sim 2\ 147\ 483\ 647$)
	8 字节(64 位)	$-2^{63} \sim 2^{63}-1$(即 $-9\ 223\ 372\ 036\ 854\ 775\ 808 \sim 9\ 223\ 372\ 036\ 854\ 775\ 807$)

注：1 字节(Byte)表示 8 位(bit)。

2.4.2.2　long 型

对于长整型 long，Python 中并没有指定它的位宽，即 Python 没有限制长整型数值的大小，但实际上由于机器内存是有限的，因此，长整型数值也不可能无限大。通常在使用长整型 long 数值时，最好在该数值后添加"L"。

此外，还需注意的是，从 Python2.2 版本起，若 int 型整数数值范围发生溢出，则 Python 会自动将 int 型整数数值转换为长整型 long，因此目前在长整型 long 数值后不加"L"也不会导致数据溢出的严重后果了。

2.4.2.3　float 型

Python 中浮点型 float 主要用来处理实数，即带有小数的数据，示例代码如下：

```
>>> b = 3.14
>>> print(b)
3.14
```

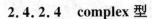

2.4.2.4 complex 型

Python 中的复数 complex 通常是由实数和虚数两部分组成的,语法格式如下:

> x+yj(x 是复数的实数部分,y 是复数的虚数部分,这里的 x 和 y 都是实数)

例如,对于复数 3+20j,示例代码如下:

```
>>> c = 3 + 20j
>>> print(c)
(3 + 20j)
```

2.4.2.5 bool 型

Python 中的布尔型 bool 数值有 2 个,分别是 True、False,如表 2.3 所列。

表 2.3 bool 类型取值

类 型	取 值
bool	True、False

通常情况下,bool 类型的数值适用于逻辑运算,多用于程序流程的控制。

2.4.3 进制转换

对于整数,在 Python 中有 4 种表现形式,分别是二进制、八进制、十进制、十六进制;而在实际运用中,我们使用最多的还是十进制数。4 种进制数的特点如表 2.4 所列。

表 2.4 各进制的特点

进 制	组 成	特 点	备 注
二进制	由 0、1 组成	数值以 0b 开头	满二进一
八进制	由 0、1、2、3、4、5、6、7 组成	数值以 0 开头	满八进一
十进制	由 0、1、2、3、4、5、6、7、8、9 组成	默认整数都是十进制数	满十进一
十六进制	由 0、1、2、3、4、5、6、7、8、9、A(a)、B(b)、C(c)、D(d)、E(e)、F(f)组成,大小写均可	数值以 0x 开头	满十六进一

以十进制数 35 转换为其他进制数为例,进制之间的转换如图 2.5～图 2.7 所示。

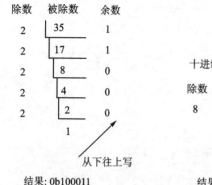

十进制数35转换为二进制

除数	被除数	余数
2	35	1
2	17	1
2	8	0
2	4	0
2	2	0
	1	

从下往上写

结果: 0b100011

图 2.5　转换为二进制

十进制数35转换为八进制

除数	被除数	余数
8	35	3
	4	

从下往上写

结果: 043

图 2.6　转换为八进制

十进制数35转换为十六进制

除数	被除数	余数
16	35	3
	2	

从下往上写

结果: 0x23

图 2.7　转换为十六进制

2.5　输出和输入

在前文案例中,一直在使用 print(),其实 print()就是输出语句;当然,除了输出外,Python 中还有输入语句。

2.5.1　输　出

2.5.1.1　普通输出

Python 中要输出普通的字符串内容,例如输出"Hello, man.",代码如下:

```
print("Hello, man.")
```

运行结果:

```
Hello, man.
```

若要输出一个变量,示例代码如下:

```
name = "zhangsan"
print(name)
```

运行结果:

```
zhangsan
```

通过上述示例,读者可能发现 print()输出语句会有一个自动换行的效果,那么,若不想要换行,该如何处理呢? 示例代码如下:

```
print(123),     ##Python3 版本中写成：print("123",end='')
print("Hello")
```

运行结果：

```
123Hello
```

2.5.1.2 格式化输出

先来看看如下示例代码：

```
print("我叫王小明,今年 23 岁了!")
print("我叫张雪儿,今年 18 岁了!")
print("我叫刘一飞,今年 26 岁了!")
……
```

示例在输出姓名和年龄时,用了多次"我叫 xxx,今年 xx 岁了!"。能否简化一下这个程序呢？可以通过格式化操作来实现。

1. 格式化操作

采用格式化操作后,对上述示例代码进行改进,代码如下：

```
name = "王小明"
age = 23
print("我叫 %s,今年 %d 岁了!" %(name,age))
```

输出结果：

```
我叫王小明,今年 23 岁了!
```

在上述程序中,出现了%这样的操作符,这就是 Python 中的格式化输出。

2. 常用的格式化符号

在 Python 中,完整的格式化符号是与%一同使用的,如表 2.5 所列。

表 2.5 格式控制符

格式化符号	转换后表示的内容
%c	单个字符
%s	通过 str()字符串转换后的格式化,表示字符串
%i	有符号十进制整数
%d	有符号十进制整数
%u	无符号十进制整数
%o	八进制整数

格式化符号	转换后表示的内容
%x	十六进制整数(小写字母)
%X	十六进制整数(大写字母)
%e	索引符号(小写 e)
%E	索引符号(大写 E)
%f	浮点数
%g	%f 和 %e 的简写
%G	%f 和 %E 的简写

例如,要通过格式化符号来输出"我的名字是张三,工作 3 年了,存款有 349 862.56 元!",示例代码如下:

```
name = "张三"
year = 3
money = 349862.56
print("我的名字是%s,工作%d年了,存款有%f元!"%(name,year,money))
```

运行结果:

```
我的名字是张三,工作 3 年了,存款有 349862.560000 元!
```

3. 转义字符

在输出时,若要换行,则可以使用\n完成,示例代码如下:

```
print("Hello123 ===========")        ##不会换行
print("Hello\n123\n ===========")     ##会换行
```

运行结果:

```
Hello123 ===========
Hello
123
 ===========
```

上述案例中的\n,其实就是转义字符,常用的转义字符如表 2.6 所列。

表 2.6　常用的转义字符

字　符	名　称	含　义
\n	换行符	将光标移到下一行的第一格
\t	水平制表符	将光标移到下一个水平制表位置

字 符	名 称	含 义
\r	回车符	将光标移到当前行的第一格
\\	斜杆	产生一个斜杆
\"	双引号	产生一个双引号
\'	单引号	产生一个单引号

2.5.2 输 入

当用户要从键盘上输入相关的内容时,可以使用 input()或 raw_input()输入。

2.5.2.1 raw_input()输入

在 Python 中,获取键盘输入数据的方法可采用 raw_input()函数,比如上述案例的输入姓名,示例代码如下:

```
name = raw_input("请输入您的姓名:")
print("哈哈哈,我叫 % s"% name)
```

运行结果:

```
请输入您的姓名:老王
哈哈哈,我叫老王
```

需要注意的是:

① raw_input()函数的小括号中放入的是提示信息,用来在获取数据之前给用户一个简单的提示;

② raw_input()函数在从键盘上获取数据后,会存放到等号左边的变量中;

③ raw_input()函数会把用户输入的任何值都作为字符串来对待;

④ 在 Python3.x 的版本中,该函数已被取消,所以建议统一使用 input()函数。

2.5.2.2 input()输入

input()函数与 raw_input()函数类似,也可以接收输入内容,但需要注意的是,输入内容必须是表达式,比如输入性别(注意输入内容的写法),示例代码如下:

```
sex = input("请输入您的性别:")
print("嘿嘿,我是一个 % s 生。"% sex)
```

运行结果:

```
请输入您的性别:"男"
嘿嘿,我是一个男生
```

类似地,input()函数接收的输入内容,也会把接收到的输入内容赋值给等号左边的变量。

2.5.2.3　数据类型转换

先来完成一个从键盘上输入姓名、籍贯、年龄、联系方式、住址等内容的练习,如图 2.8 所示。

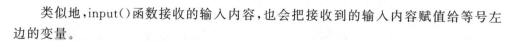

```
------------------------------
姓名:方帅
籍贯:广东深圳
年龄:18
联系方式:10086
住址:龙华新区民治街道
------------------------------
```

图 2.8　输入练习

在编写过程中,开发者通常会认为年龄值应该是整数,即格式化符号应该是%d,若直接采用这种方式就会报错,如图 2.9 所示。

```
Traceback (most recent call last):
    File "F:/src/day02/11.py", line 9, in <module>
        print("年龄:%d"%age)
TypeError: %d format: a number is required, not str
```

图 2.9　错误示例

观察错误信息,发现年龄值类型错误,显示的是数字 number,而不是字符串 str。错误产生的原因是"input()函数会把用户输入的任何值都作为字符串来对待",因此,需要将输入的字符串内容转换为数字 number 来处理,即进行数据类型的转换,具体代码如下:

```python
name = input("请输入姓名:")
place = input("请输入籍贯:")
age = input("请输入年龄:")
phone = input("请输入联系方式:")
address = input("请输入住址:")
print("------------------------------")
print("姓名:%s" % name)
print("籍贯:%s" % place)
print("年龄:%d" % int(age))
print("联系方式:%s" % phone)
print("住址:%s" % address)
print("------------------------------")
```

运行结果：

```
请输入姓名:方帅
请输入籍贯:广东深圳
请输入年龄:18
请输入联系方式:10086
请输入住址:龙华新区民治街道
----------------------------------
姓名:方帅
籍贯:广东深圳
年龄:18
联系方式:10086
住址:龙华新区民治街道
----------------------------------
```

常用的数据类型转换如表 2.7 所列。

表 2.7　常用的数据类型转换

函数名	描　　述
int(x)	将 x 转换为一个整数
long(x)	将 x 转换为一个长整数
float(x)	将 x 转换为一个浮点数
complex(real)	创建一个复数
str(x)	将对象 x 转换为字符串
repr(x)	将对象 x 转换为表达式字符串
eval(str)	用来计算在字符串内的有效 Python 表达式并返回一个对象
tuple(s)	将序列 s 转换为一个元组
list(s)	将序列 s 转换为一个列表
chr(s)	将一个整数 s 转换为一个字符
unichr(x)	将一个整数 s 转换为 Unicode 字符
ord(c)	将一个字符 c 转换为它的整数值
hex(s)	将一个整数 s 转换为一个十六进制字符串
oct(s)	将一个整数 s 转换为一个八进制字符串

2.5.2.4　Python 不同版本输入的差异

在以上程序中，使用 Python2 系列版本（以下简称 Python2），raw_input()和 input()输入都是有效的。但值得注意的是，Python3 与 Python2 版本对于 raw_input()和 input()输入具有较大的差异性，如下：

① Python3 中没有 raw_input()函数，只有 input()函数来接收输入；

② Python3 中的 input()函数与 Python2 中的 raw_input()函数功能是一样的。例如,接收一个整数,在 Python3 中显示如图 2.10 所示。

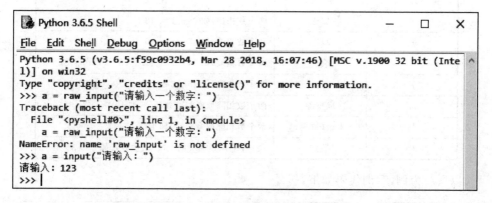

图 2.10　raw_input()和 input()函数对比

2.6　运算符

Python 语言中,运算符有算术运算符、赋值运算符、关系(比较)运算符、逻辑运算符、位运算符(包括移位运算符)、字符串连接符。这些运算符所包含的符号有:

① 算术运算符:+、-、* 、/、//、% 、* *;

② 赋值运算符:=、(+=、-=、* =、/=、//=、%=、* *=)复合赋值运算符;

③ 关系(比较)运算符:>、<、>=、<=、==、!=、<>;

④ 逻辑运算符:not(非)、and(与)、or(或);

⑤ 位运算符:|(按位或)、&(按位与)、^(按位异或)、>>(带符号右移)、<<(左移)、>>>(无符号右移)。

虽然 Python 中有很多种不同的运算符,但是常用的运算符只有算术运算符、赋值运算符、关系(比较)运算符、逻辑运算符。

2.6.1　算术运算符

算术运算符主要用于进行基本的算术运算,如:加法、减法、乘法、除法、取整除、求余等,具体符号如下:

```
+ 、- 、* 、/、//、% 、* *
```

Python 中常用的算术运算符如表 2.8 所列。

表 2.8 常用的算术运算符

算术运算符	名　称	描　述
＋	加法	两个数相加,如 6 ＋ 12＝18
－	减法	两个数相减,如 25 － 9＝16
*	乘法	两个数相乘,如 3 * 7＝21
/	除法	两个数相除,如 25 / 5＝5
//	取整除	两个数相除取商的整数部分,如 10.0 // 3.0＝3.0
%	求余(取模)	两个数相除取余数值,如 13 % 4＝1
**	幂	x ** y 表示返回 x 的 y 次幂(次方),如 2 ** 3＝8

以/、//为例,示例代码如下:

```
>>> 11.0/5
2.2
>>> 11.0//5
2.0
```

2.6.2　赋值运算符

赋值运算符是指为变量或常量指定数值的符号,最常用的就是"＝"(赋值号),如:可以使用"＝"将右边的数值赋给左边的操作数,具体的赋值运算符有:

```
＝ 、( ＋ ＝ 、－ ＝ 、* ＝ 、/ ＝ 、// ＝ 、% ＝ 、* * ＝ )复合赋值运算符
```

示例(如何阅读下边的语句):

```
m = 3.14
```

真实的阅读方式应该是从右往左阅读。因此,上述语句可以读作:把 3.14 赋值给变量 m。

Python 支持的常用赋值运算符,如表 2.9 所列。

表 2.9 常用赋值运算符

运算符	名　称	描　述
＝	赋值	c ＝a＋b;将 a＋b 的值赋值给 c
＋＝	加等于	m＋＝n;等同于 m＝m＋n
－＝	减等于	m－＝n;等同于 m＝m－n
*＝	乘等于	m * ＝n;等同于 m＝m * n
/＝	除等于	m/＝n;等同于 m＝m/n

续表 2.9

运算符	名　称	描　述
//=	取整除等于	m//=n;等同于 m=m//n
%=	取模等于(求余等于)	m%=n;等同于 m=m%n
**=	幂等于	m**=n;等同于 m=m**n

以%=为例,示例代码如下:

```
>>> n = 10
>>> m = 30
>>> m % = n
>>> print(m)
0
```

2.6.3　关系(比较)运算符

关系(比较)运算符的作用是比较两边的操作数,且结果总是布尔型(即结果为 True 或 False)的。关系运算符,也可称为比较运算符,具体的关系(比较)运算符有:

> 、< 、>= 、<= 、== 、! = 、< >

Python 支持的常用关系(比较)运算符,如表 2.10 所列。

表 2.10　常用关系(比较)运算符

运算符	名　称	示　例	结　果
==(等号)	等于	4==3	False
!=	不等于	4!=3	True
<>	不等于	4 <> 4	False
<	小于	10 < 2	False
>	大于	10 > 2	True
<=	小于或等于	20 <=24	True
>=	大于或等于	20 >=24	False

以! =、<>为例,示例代码如下:

```
>>> 4!= 3
True
>>> 4 <> 4
False
```

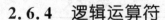

2.6.4 逻辑运算符

逻辑运算符主要用于进行逻辑运算,需要注意的是,逻辑运算符运行的两端都是布尔值。具体的逻辑运算符有:

> not(非)、and(与)、or(或)

Python 中常用的逻辑运算符,如表 2.11 所列。

表 2.11 常用的逻辑运算符

逻辑运算符	名　称	举　例	结　果
and	与	a and b	若 a 和 b 都为 True,则结果为 True;否则,结果为 False
or	或	a or b	若 a 和 b 任意一个为 True,则结果为 True
not	非	not m	若 m 为 False,则结果为 True,即取反

由表 2.11 可知:①与:当所有条件都正确时,才是正确的;②或:只要有一个条件正确,就是正确的;③非:若正确时,进行非运算后,就是不正确。具体操作的结果如表 2.12 所列。

表 2.12 逻辑运算符操作

操作数 a	操作数 b	or	and
True	False	True	False
True	True	True	True
False	False	False	False
False	True	True	False

计算逻辑运算"not(6 > 9)and(3==4)"的结果,示例代码如下:

```
>>> print(not(6 > 9)and(3 == 4))
False
```

2.6.5 位运算符

位运算符对两个操作数中的每一个二进制数都进行运算,注意:要对操作数进行位运算,首先需要把操作数转换为二进制数。在 Python 中,具体的位运算符有:

> |(按位或)、&(按位与)、^(按位异或)

下面简要介绍一下这几个位运算符。

2.6.5.1 按位或 |

对于位运算符中的按位或 |,通常它所操作的数有两个数,比如 11 按位或 | 10,示

例代码如下：

```
>>> print(11|10)
11
```

11 转换为二进制数为 1011,10 转换为二进制数为 1010,按位或|运算示意图如图 2.11 所示。

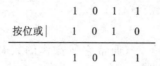

图 2.11　按位或|运算示意图

图 2.11 中的二进制数 1011 转换为十进制数表示 11。

2.6.5.2　按位与 &

对于位运算符中的按位与 &,通常它所操作的数有两个数,比如 11 按位与 &10,示例代码如下:

```
>>> print(11&10)
10
```

按位与 & 运算示意图如图 2.12 所示。

$$
\begin{array}{ccccc}
& 1 & 0 & 1 & 1 \\
\text{按位与\&} & 1 & 0 & 1 & 0 \\
\hline
& 1 & 0 & 1 & 0
\end{array}
$$

图 2.12　按位与 & 运算示意图

图 2.12 中的二进制数 1010 转换为十进制数表示 10。

例如,判断数 20 是否为偶数,可以通过判断该数是否能被 2 整除来确定,示例代码如下:

```
a = 20
if a % 2 == 0:
    print("%d是偶数!" % a)
else:
    print("%d不是偶数!" % a)
```

除了上述解决方案外,还可使用按位与 & 运算来做处理,示例代码如下:

```
a = 20
if a&1 == 0:
```

```
    print("%d是偶数!"%a)
else:
    print("%d不是偶数!"%a)
```

运行结果：

```
20是偶数!
```

2.6.5.3 按位异或^

对于位运算符中的按位异或^,通常它所操作的数有两个数,比如 11 按位异或^10,示例代码如下：

```
>>> print(11^10)
1
```

按位异或^运算示意图如图 2.13 所示。

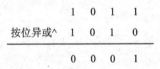

图 2.13 按位异或^运算示意图

图 2.13 中的二进制数 0001 转换为十进制数表示 1。

例如,将 a＝34,b＝100 两个变量互换位置后,得出结果为 a＝100,b＝34,此时,可使用引入第三方变量的方式处理,示例代码如下：

```
a = 100
b = 34
temp = a
a = b
b = temp
print("a=%d, b=%d"%(a,b))
```

除了上述解决方案外,还可使用按位异或^运算来做处理,示例代码如下：

```
a = 100
b = 34
a = a^b
b = a^b
a = a^b
print("a=%d, b=%d"%(a,b))
```

运行结果：

```
a = 34, b = 100
```

2.6.6　移位运算符

移位运算符有 3 个,具体符号为：

```
>>（带符号右移）、<<（左移）、>>>（无符号右移）
```

Python 中的移位运算符,如表 2.13 所列。

表 2.13　移位运算符

运算符	名　称	描　述
<<	左移	a << b,将二进制形式的 a 逐位左移 b 位,最低位空出的 b 位补 0
>>	带符号右移	a >> b,将二进制形式的 a 逐位右移 b 位,最高位空出的 b 位补原来的符号位
>>>	无符号右移	a >>> b,将二进制形式的 a 逐位右移 b 位,最高位空出的 b 位补 0

对于移位运算符,基本的案例如图 2.14 所示。

2227 =	00000000　00000000　00001000　10110011
2227<<3 =	00000000　00000000　01000101　10011000
2227>>3 =	00000000　00000000　00000001　00010110
2227>>>3 =	00000000　00000000　00000001　00010110
-2227 =	11111111　11111111　11110111　01001101
-2227<<3 =	11111111　11111111　10111010　01101000
-2227>>3 =	11111111　11111111　11111110　11101001
-2227>>>3 =	00011111　11111111　11111110　11101001

图 2.14　移位运算符基本案例

初学者只需要掌握左移 << 运算符的基本计算即可,如 a << b 的计算公式如下：

```
计算 a << b 的结果为：a * 2ᵇ（即 a 乘以 2 的 b 次幂）
```

例如,求解 7 << 2,示例代码如下：

```
>>> print(7 << 2)
28
```

2.7 表达式

通俗地说,表达式就是表达某种意义的式子。在 Python 语言中,表达式指的是符合一定语法规则的运算符和操作数的序列,如:0、b(变量)、8 + b(式子)、(a − b) * c +99 等。

2.7.1 表达式的类型和值

所谓表达式的值,即是对表达式中操作数进行运算得到的结果。而表达式的值的数据类型就是表达式的类型。一般地,多个类型的数据进行运算,最后结果的数据类型以最大的数据类型为准。

2.7.2 表达式的运算顺序

需要注意的是,表达式的运算首先应该按照运算符的优先级从高到低的顺序进行,如我们从小学习的数学运算法则中的"先乘除后加减,有括号就先算括号"一样。当优先级相同时,则按照从左往右的顺序依次进行运算。

2.7.3 优先级

运算符的优先级顺序如表 2.14 所列。

表 2.14 运算符优先级及结合性

运算顺序	运算符
最高优先级	. ( ) ,
从右往左	++ −− ~ not (注:运算符后跟数据变量)
从左往右	* / // % **
从左往右	+ −
从左往右	<< >> >>>
从左往右	< > <= >=
从左往右	== != < >
从左往右	& and
从左往右	^
从左往右	| or
从右往左	= *= /= //= %= **= += −= <<= >>= >>>= &= ^= |=

注意:当运行顺序不能确定时,可根据用户的需要添加(),即括号。

2.8　程序流程控制

现实生活中,经常遇到以下这些真实场景:①去超市购物结账时,需要排队有顺序地一个一个人去结账(有秩序);②走在十字路口时,可以选择左转、右转、直走等(有选择);③围绕着环形操场跑步时,是一圈一圈循环地跑(循环)。

在程序中,也有类似的某些程序流程。比如有顺序地执行程序、可以选择性地执行某些程序、可以循环地执行某些程序。

其实,任何一门编程语言都离不开流程控制,Python 语言也不例外,一般流程控制有三种结构:顺序结构、选择结构和循环结构。

2.8.1　顺序结构

顺序结构指的是程序从上到下一行一行地执行代码,而没有判断和中断的情况,如图 2.15 所示。

其实,编程语言发送给计算机的命令几乎都是按顺序一条条地执行的,比如:现实生活中的取钱任务一般就是按以下这几步操作顺序完成的,分别是:①拿着存折或银行卡去银行;②到银行取号排队;③将存折或银行卡递给银行柜员并告诉她(他)取款数;④输入您的密码;⑤银行柜员办理取款事宜;⑥取完钱并从银行离开。下面使用程序来按顺序一步一步地完成取钱任务,代码如下:

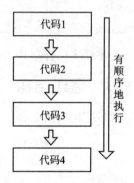

图 2.15　顺序结构流程图

```python
print("第 1 步:拿着存折或银行卡去银行;")
print("第 2 步:到银行取号排队;")
print("第 3 步:将存折或银行卡递给银行柜员并告诉她(他)取款数;")
print("第 4 步:输入您的密码;")
print("第 5 步:银行柜员办理取款事宜;")
print("第 6 步:取完钱并从银行离开.")
```

上述代码就是根据一定的顺序从上往下一行一行地发送命令给计算机并完成取钱任务的。

2.8.2　选择结构

选择结构指的是根据条件的不同来执行不同的语句,如图 2.16 所示。

很多时候,单单使用顺序结构是完成不了条件不同时的实际情况的,可以使用选择结构来完成。比如:生产一双皮鞋时,假定当皮鞋的质量刚好等于 0.5 千克时,则输出"产品合格",否则输出"不合格"。下面使用程序来选择性地执行语句,代码如下:

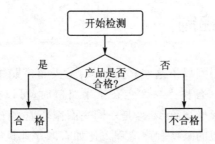

图 2.16　选择结构示意图

```
weight = 0.5
if weight == 0.5：
    print("产品合格")
else：
    print("产品不合格")
```

上述程序执行结果为:不合格!

2.8.3　循环结构

循环结构指的是程序可以反复地执行某些语句,如图 2.17 所示。

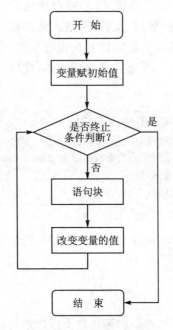

图 2.17　循环结构示意图

有时候,需要反复多次地执行某些特定的语句,比如:需要输出 100 句"Python,你好!"可以使用循环结构来完成,代码如下:

```
i = 0
while i < 100:
    print("Python,你好!")
    i += 1
```

2.9　判断结构

在 Python 中,判断结构的主要语句有 if 条件语句。if 判断结构主要可分为以下五种语句:

1. 语句 1

```
if 条件:
    条件满足,要完成的操作 1
    条件满足,要完成的操作 2
    ……
```

2. 语句 2

```
if 条件:
    条件满足,要完成的操作 1
    条件满足,要完成的操作 2
    ……
else:
    条件不满足,要完成的操作 1
    条件不满足,要完成的操作 2
    ……
```

3. 语句 3

```
if 条件 1:
    条件 1 满足,要完成的操作 1
    条件 1 满足,要完成的操作 2
    ……
elif 条件 2:
    条件 2 满足,要完成的操作 1
    条件 2 满足,要完成的操作 2
    ……
elif 条件 3:
    条件 3 满足,要完成的操作 1
    条件 3 满足,要完成的操作 2
    ……
……(多个 elif 条件:……)
```

4. 语句 4

```
if 条件 1：
    条件 1 满足，要完成的操作 1
    条件 1 满足，要完成的操作 2
    ……
elif 条件 2：
    条件 2 满足，要完成的操作 1
    条件 2 满足，要完成的操作 2
    ……
……（多个 elif 条件：……）
else：
    上述条件都不满足，要完成的操作
```

5. 语句 5

```
if 条件 1：
    条件 1 满足，要完成的操作 1
    条件 1 满足，要完成的操作 2
    ……
    if 条件 11：
        条件 11 满足，要完成的操作
        条件 11 满足，要完成的操作
        ……
    else：
        条件 11 不满足，要完成的操作
        条件 11 不满足，要完成的操作
        ……
else：
    条件 1 不满足，要完成的操作 1
    条件 1 不满足，要完成的操作 2
    ……
```

对于上述的这些语句，需要注意：①if 可以与 else 一起使用；②当 if 语句后的条件不满足时，则会逐步往下执行其他代码；③elif 必须和 if 一起使用，否则出错。

2.9.1   if 语句

在 Python 中，if 语句的基本语法格式如下：

```
if 条件：
    条件满足，要完成的操作 1
    条件满足，要完成的操作 2
    ……
```

生活中有这样类似的案例:如果买彩票中了 100 万,就买一台车和一台电脑。可以直接用 if 语句实现,代码如下:

```
number = input("请输入您中彩票奖金(int):")
if number == 100:
    print("买一台车!")
    print("买一台电脑!")
```

运行结果:

```
请输入您中彩票奖金(int):100
买一台车!
买一台电脑!
```

2.9.2 if else 语句

在 Python 中,if else 语句的基本语法格式如下:

```
if 条件:
    条件满足,要完成的操作 1
    条件满足,要完成的操作 2
    ……
else:
    条件不满足,要完成的操作 1
    条件不满足,要完成的操作 2
    ……
```

如果没有中 100 万,又该怎么处理呢? 此时,就可以用 if else 语句进行处理,而 else 部分的内容就是没有中奖的处理方式。

```
number = input("请输入您中彩票奖金(int):")
if number == 100:
    print("买一台车!")
    print("买一台电脑!")
else:
    print("您得继续多买彩票!")
    print("对不起,记得以后请多吃泡面.")
```

运行结果:

```
请输入您中彩票奖金(int):0
您得继续多买彩票!
对不起,记得以后请多吃泡面.
```

2.9.3　多重 if 语句

在 Python 中,多重 if 语句主要分为以下两种语句:

1. 语句 1

```
if 条件 1:
    条件 1 满足,要完成的操作 1
    条件 1 满足,要完成的操作 2
    ……
elif 条件 2:
    条件 2 满足,要完成的操作 1
    条件 2 满足,要完成的操作 2
    ……
elif 条件 3:
    条件 3 满足,要完成的操作 1
    条件 3 满足,要完成的操作 2
    ……
……(多个 elif 条件:……)
```

2. 语句 2

```
if 条件 1:
    条件 1 满足,要完成的操作 1
    条件 1 满足,要完成的操作 2
    ……
elif 条件 2:
    条件 2 满足,要完成的操作 1
    条件 2 满足,要完成的操作 2
    ……
……(多个 elif 条件:……)
else:
上述条件都不满足,要完成的操作
```

示例 1: if – elif ……

学生平时的考试成绩分为优秀、良好、及格、不及格,当考试成绩为 90~100 分时,为优秀;当考试成绩为 70~90 分时,为良好;当考试成绩为 60~70 分时,为及格;当考试成绩为 0~60 分时,为不及格(注:学生考试成绩默认分数为 0~100 分)。以下程序就可以实现评分等级,代码如下:

```
score = input("请输入学生考试成绩:")
if 90 <= score and score <= 100:
    print("学生成绩为 % f,优秀" % score)
```

```
elif 70 <= score and score < 90:
    print("学生成绩为 % f,良好" % score)
elif 60 <= score and score < 70:
    print("学生成绩为 % f,及格" % score)
elif 0 <= score and score < 60:
    print("学生成绩为 % f,不及格" % score)
```

运行结果：

```
请输入学生考试成绩:78
学生成绩为 78.000000,良好
```

示例 2：if – elif ――― else

身体质量指数（BMI）是关于体重指标的健康测量，当 BMI 值在 16 以下时，体重严重偏轻；当 BMI 值在 16～18 时，体重偏轻；当 BMI 值在 18～24 时，体重正常；当 BMI 值在 24～29 时，体重超重；当 BMI 值在 29～35 时，体重严重超重；当 BMI 值在 35 以上时，体重非常严重超重。

身体质量指数的计算公式为：$BMI = 体重(kg)/身高^2(m^2)$。要求：使用键盘输入体重和身高值，注意体重和身高均为浮点型的数值。代码如下：

```
weight = input("请输入体重(kg):")
high = input("请输入身高(m):")
## 计算的 bmi 值
bmi = weight/(high * high)
## 判断
if bmi < 16:
    print("您的身体质量指数为 % f,体重严重偏轻" % bmi)
elif bmi >= 16 and bmi < 18:
    print("您的身体质量指数为 % f,体重偏轻" % bmi)
elif bmi >= 18 and bmi < 24:
    print("您的身体质量指数为 % f,体重正常" % bmi)
elif bmi >= 24 and bmi < 29:
    print("您的身体质量指数为 % f,体重超重" % bmi)
elif bmi >= 29 and bmi < 35:
    print("您的身体质量指数为 % f,体重严重超重" % bmi)
else:
    print("您的身体质量指数为 % f,体重非常严重超重" % bmi)
```

运行结果：

```
请输入体重(kg):65
请输入身高(m):1.70
您的身体质量指数为 22.491349,体重正常
```

2.9.4　if 嵌套语句

在 Python 中,if 嵌套语句的基本语法格式如下:

```
if 条件 1:
    条件 1 满足,要完成的操作 1
    条件 1 满足,要完成的操作 2
    ……
    if 条件 11:
        条件 11 满足,要完成的操作
        条件 11 满足,要完成的操作
        ……
    else:
        条件 11 不满足,要完成的操作
        条件 11 不满足,要完成的操作
        ……
else:
    条件 1 不满足,要完成的操作 1
    条件 1 不满足,要完成的操作 2
    ……
```

例如,坐火车是需要先查看旅客是否有车票,若没车票,则直接不让进站;然后再进行安检,若携带刀具不超过 10 cm,则安检通过后可上车,否则不让上车。

根据上述内容描述,可编写出的示例代码如下:

```
## 车票:1 表示有票,0 表示没票
ticket = 1
## 刀具长度
daoLength = 5
## if 嵌套语句
if ticket == 1:
    print("哈哈,我有火车票!")
    ## 有票,则需要进行安检了
    if daoLength < 10:
        print("通过安检了,真开心.")
        print("火车很快就来啦啦啦啦")
    else:
        print("你带的刀太长了,容易伤着人,不能通过安检")
else:
    print("您没有火车票,不能进站!")
    print("加油,赶紧去抢票!")
```

运行结果：

```
哈哈，我有火车票！
通过安检了，真开心.
火车很快就来啦啦啦啦
```

2.10　逻辑结构

逻辑结构需要使用循环语句来完成。循环语句的功能是在满足循环条件的情况下，循环反复地执行某段特定代码。在 Python 中，循环语句主要可分为两类，分别为 while 循环、for 循环。通常情况下，Python 中的逻辑结构需满足三个条件，如下：

① 初始化循环变量，如：i = 0；

② 具有判断循环体是否结束的条件表达式，如：i < 10；

③ 能改变判断条件表达式值的语句，如：i += 1。

"万变不离其宗"，要熟练使用循环语句，就需要牢牢记住上述三个条件。使用 while 循环来解决重复输出 1 000 句"Hello World!"的案例，代码如下：

```
i = 0
while i < 1000:
    print("Hello World!")
    i += 1
```

2.10.1　while 循环

2.10.1.1　基本使用

while 可译为"当……的时候"，也就是当满足条件判断时就循环反复地执行指定代码。while 循环的语法格式如下：

```
初始化变量语句
while 循环条件：
    循环体语句
    改变循环条件的语句
```

while 循环语句的执行流程图如图 2.18 所示。

下面通过案例来分析 while 循环。使用 while 循环语句来打印 10 句"Python is so easy."，代码如下：

```
i = 0
while i < 10:
    print("Python is so easy.d" % i)
    i += 1
```

输出结果如图 2.19 所示。

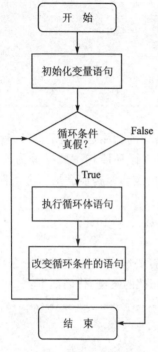

Python is so easy.0
Python is so easy.1
Python is so easy.2
Python is so easy.3
Python is so easy.4
Python is so easy.5
Python is so easy.6
Python is so easy.7
Python is so easy.8
Python is so easy.9

图 2.18　while 循环流程　　　　图 2.19　循环输出结果

首先,代码的执行顺序从"i = 0"开始执行并初始化变量;然后,执行"i<10",显然此时值为 True,那么就执行循环体"print("Python is so easy.d"%i)";接着,再执行"i += 1",此时可修改变量值,执行完毕后就继续执行"i<10",若此时值为 True,再继续执行循环体"print("Python is so easy.d"%i)"……以此类推,直至执行到"i<10"的值为 False 时,就跳出循环不再执行。

根据上述所写的 while 循环语句的语法格式,请完成下面案例中的程序编写:

① 使用 while 循环求 100～1 000 之间所有自然数之和。

② 使用 while 循环求 1～100 之间所有偶数之和。

案例 1:使用 while 循环求 100～1 000 之间所有自然数之和,示例代码如下:

```
i = 100
sum = 0
##循环条件判断
while i <= 1000:
    ##求和
    sum += i
    i += 1
print("100～1000之间所有自然数之和 = % d" % sum)
```

运行结果：

```
100~1000 之间所有自然数之和 = 495550
```

案例 2：使用 while 循环求 1~100 之间所有偶数之和，示例代码如下：

```
i = 1
sum = 0
## 循环条件判断
while i <= 100:
    ## 判断为偶数
    if i%2 == 0:
        ## 求和
        sum += i
    i += 1
print("1~100 之间所有偶数之和 = %d" % sum)
```

运行结果：

```
1~100 之间所有偶数之和 = 2550
```

2.10.1.2　while 循环嵌套

在 Python 中，通常把循环体内不含有循环语句的循环称为单个循环，而把循环体内含有循环语句的循环称为循环嵌套。当在 while 循环体内含有一个 while 循环语句的循环时，则称为 while 循环嵌套。while 循环嵌套的语法格式如下：

```
初始化变量语句 1
while 循环条件 1：
    执行语句 1
    初始化变量语句 2
    while 循环条件 2：
        执行语句 2
        改变循环条件的语句 2
    改变循环条件的语句 1
```

简单地说，while 循环嵌套其实就是指外层有一个循环，在外层循环里面嵌套一个内层循环。注意：在使用过程中，当外层循环执行一次时，内层循环需要全部执行完毕。处理二重循环最好的方式就是：把"while 循环条件 2：..."当成一个单个循环的循环体语句来看待。下面通过案例来分析，代码如下：

```
i = 0
while i < 3:   ## 外层循环
    j = 0
```

```
    while j < 5：  ##内层循环
        print("Hello World...")
        j += 1
    i += 1
```

根据上述所写的 while 循环嵌套的语法格式,请完成下面案例中的程序编写:

① 通过 while 循环完成如图 2.20 所示的图案打印。

```
        *
        *   *
        *   *   *
        *   *   *   *
        *   *   *   *   *
```

图 2.20　案例 1 图

② 编写并打印出如图 2.21 所示的九九乘法表。

```
1*1= 1
1*2= 2   2*2= 4
1*3= 3   2*3= 6   3*3= 9
1*4= 4   2*4= 8   3*4=12   4*4=16
1*5= 5   2*5=10   3*5=15   4*5=20   5*5=25
1*6= 6   2*6=12   3*6=18   4*6=24   5*6=30   6*6=36
1*7= 7   2*7=14   3*7=21   4*7=28   5*7=35   6*7=42   7*7=49
1*8= 8   2*8=16   3*8=24   4*8=32   5*8=40   6*8=48   7*8=56   8*8=64
1*9= 9   2*9=18   3*9=27   4*9=36   5*9=45   6*9=54   7*9=63   8*9=72   9*9=81
```

图 2.21　案例 2 图

案例 1:图案打印,示例代码如下:

```
i = 1
##控制行数
while i <= 5:
    j = 1
    ##控制每行中的 * 个数
    while j <= i:
        print(" * "),
        j += 1
    print("")
    i += 1
```

案例 2:编写并打印出九九乘法表,示例代码如下:

```
i = 1
##控制九九乘法表的行
while i <= 9:
    j = 1
    ##控制每行中的列
    while j <= i:
        print("%d*%d=%2d" %(j,i,i*j)),
        j += 1
    print("")
    i += 1
```

2.10.2　for 循环

像 while 循环一样,for 语句也可以完成循环的功能。在 Python 中,for 循环可以遍历任何序列的子元素内容,如一个列表或字符串等。for 循环的语法格式如下:

```
for 临时变量 in 列表或字符串等:
    循环满足条件时,执行的代码
else:
    循环不满足条件时,执行的代码
```

根据上述所写的 for 循环语句的语法格式,请完成下面案例中的程序编写:
① 使用 for 循环遍历字符串"123456789",并输出单个的子元素。
② 通过 for 循环遍历"Hello",若完毕,则输出"没有数据了!"。

案例 1:使用 for 循环遍历字符串"123456789",并输出单个的子元素,示例代码如下:

```
content = "123456789"
for i in content:
    print("%s  " %i),
```

运行结果:

```
1  2  3  4  5  6  7  8  9
```

案例 2:通过 for 循环遍历"Hello",若完毕,则输出"没有数据了!",示例代码如下:

```
name = "Hello"
for i in name:
    print("%s  " %i),
else:
    print("没有数据了!")
```

运行结果：

```
H  e  l  l  o没有数据了!
```

2.11   特殊流程控制语句

在 Python 中,特殊流程控制语句有两个,分别是 break、continue 语句。

2.11.1   break 语句

break 语句是改变程序流程控制的语句,主要用于终止某个语句块的执行,多用于循环语句(如:for、while)的终止。break 语句的语法格式如下:

```
语句块
    ......
    break
其他语句
```

注意:若 break 在循环体中,当执行代码时,则遇到 break 语句时程序流程就会无条件地结束当前循环的整个循环结构。

例如,在一次长跑比赛中,体育老师在长跑前说"……本次长跑总共跑 50 圈,若有同学跑到第 10 圈时,感觉到身体不适,那就直接退出比赛……"用程序来实现这个描述内容,代码如下:

```
i = 1
while i <= 50:
    print("正在跑第%d圈!"%i)
    if i == 10:
        print("身体不适,退出比赛.")
        break
    i += 1
```

输出结果如下:

```
正在跑第1圈!
正在跑第2圈!
正在跑第3圈!
正在跑第4圈!
正在跑第5圈!
正在跑第6圈!
正在跑第7圈!
```

```
正在跑第 8 圈!
正在跑第 9 圈!
正在跑第 10 圈!
身体不适,退出比赛.
```

2.11.2　continue 语句

continue 语句也是改变程序流程的语句之一,多用于跳过某个循环语句块的一次执行,然后继续执行下一轮的循环。continue 语句的语法格式如下:

```
语句块
    ……
    continue
其他语句
```

注意:在循环体中,当执行代码遇到 continue 语句时,程序流程就会跳过当前循环的当次执行。

下面通过循环来录入学生某次 Python 考试的成绩,并统计学生成绩不及格(即学生成绩低于 60 分)的人数个数。通过 continue 来做相关处理,代码如下:

```python
## 低于 60 分的人数
count = 0
## 班级人数
stutents = input("请输入班级学生人数:")
i = 0
while i < stutents:
    ## 学生成绩
    score = input("请输入学生成绩:")
    i += 1
    ## 判断成绩是否低于 60
    if score < 60:
        count += 1
        continue
print("不及格的人数个数为:%d个." %(count))
```

输出结果如下:

```
请输入班级学生人数:3
请输入学生成绩:23
请输入学生成绩:45
请输入学生成绩:67
不及格的人数个数为:2个.
```

2.11.3 break、continue 语句的比较

break 语句总是结束当前循环的整个循环结构；而 continue 语句总是根据条件判断后，多用于跳过某个循环语句块的一次执行，然后继续执行下一轮的循环，注意不是结束整个循环结构。下面通过代码来比较，问题如下：

① 输出 1～20 之间的小于 10 的自然数；

② 输出 1～20 之间的除 10 之外的其他自然数。

下面是 break、continue 语句的示例代码及输出结果的比较，示例代码如下：

```
i = 0
while i <= 20:
    i += 1
    if i == 10:
        break
        ## continue
    print("%d  "%i),
```

break 语句输出结果如下：

```
1 2 3 4 5 6 7 8 9
```

continue 语句输出结果如下：

```
1  2  3  4  5  6  7  8  9  11  12  13  14  15  16  17  18  19  20
```

2.12 字符串(str)

2.12.1 基本概念

字符串或串(string)是由数字、字母、下划线等组成的一串字符。在 Python 中，字符串是用于表示文本的数据类型。如下定义的变量 a，存储的是数字类型的值：

```
a = 23
```

那么，要定义一个存储的是字符串类型的变量，该怎么做呢？如下定义的变量 b，存储的是字符串类型的值，示例代码如下：

```
b = "hahaha"
或
b = 'abcdefg'
```

简单地说,使用双引号(" ")或单引号(' ')标识的数据,就是字符串。

2.12.2 创建字符串

通常情况下,在 Python 中,创建字符串的方式有两种,分别为:
① 使用字符串内容直接赋值,示例如下:

```
str1 = "abc"
```

② 使用"+"运算符进行字符串连接,示例如下:

```
s1 = "hello" + "World"
s2 = s1 + "heihei"
```

若要查看该字符串变量的数据类型,则可写成:

```
print(type(str1))
```

运行结果:

```
< type 'str' >
```

此外,需要注意的是,字符串的内容是不可变的, 即一旦字符串被创建,则包含在这个字符串中的字符序列是不可改变的。

2.12.3 字符串的输出与输入

在这里,还需要稍微了解一下 Python 中对于字符串的输入与输出。

2.12.3.1 输 出

通过代码输出某人的英文名、性别、职位、公司地址等信息,示例代码如下:

```
##字符串变量
name = "Pony"
sex = "男"
position = "总经理"
address = "深圳市龙华新区民治街道民德大厦 2 楼"
##输出
print("----------------------------------------")
print("英文名:%s" % name)
print("性别:%s" % sex)
print("职位:%s" % position)
print("公司地址:%s" % address)
print("----------------------------------------")
```

运行结果如图 2.22 所示。

```
------------------------------------------
英文名:Pony
性别:男
职位:总经理
公司地址:深圳市龙华新区民治街道民德大厦2楼
------------------------------------------
```

图 2.22　运行结果

2.12.3.2　输　入

可以通过 raw_input() 和 input() 来完成从键盘中输入数据,然后保存到指定的变量中,特别要注意的是,raw_input() 和 input() 获取的所有数据内容(包括整数、浮点数等),都是以字符串的形式进行保存。

例如,用户输入自己的用户名和密码时,就可以使用键盘输入,示例代码如下:

```
##输入内容
userName = raw_input("请输入用户名:")      ##也可使用 Python3 的 input()
password = raw_input("请输入密码:")
##输出
print(" ----------------------- ")
print("用户名:%s" % userName)
print("密码:%s" % password)
print(" ----------------------- ")
```

2.12.4　遍历字符串

对于字符串,若要获取到该字符串中的具体的单个字符,就需要对该字符串进行遍历了。遍历字符串可采用两个方式,分别是 for 循环遍历和 while 循环遍历。

2.12.4.1　for 循环遍历

下面采用 for 循环来遍历字符串 abcdef,示例代码如下:

```
str = "abcdef"
##for 循环遍历
for temp in str:
print(temp)
```

运行结果:

```
a
b
c
d
```

```
e
f
```

2.12.4.2　下　标

除了上述可一次性获得字符串的所有元素外,其实,还可以单独获取单个字符元素,此时就需要通过下标(或索引)来访问。特别要注意的是,下标值是 int 型整数且是从 0 开始计算的,通过下标访问字符的语法格式如下:

```
变量名[下标值]
```

比如,字符串 str="abcdef",在内存中的实际存储如图 2.23 所示。

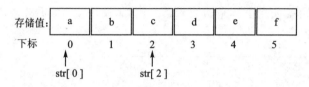

图 2.23　字符串的实际存储

从图 2.23 中可以看出,字符串 str 的长度为 6,而该字符串的最大下标值为 5,因此,需要注意的是,一个字符串的最大下标值等于该字符串的长度值减 1。而若要获得上述字符串内容中的 a、b,则需写成:

```
print(str[0])    ##获取 a
print(str[1])    ##获取 b
```

运行结果:

```
a
b
```

其实,对于下标这个概念,可以通俗地理解成编号,就像超市中存储柜的编号,用户通过这个编号就能找到相应的存储柜。

2.12.4.3　长　度

当看不到某字符串的具体长度值时,若要获得该字符串的长度值,就需要用到表 2.15 所列的 len()函数了。

表 2.15　len()函数

函数原型	函数说明
len(s)	返回对象 s(字符、列表、元组等)的长度或元素个数或项目个数

还是对上述字符串 str 做处理,并获得它的长度及最大下标处的元素值,示例代

码如下：

```
print("长度为：%d" % len(str))      ##长度
print("最大下标处的元素值为：%s" % str[len(str) - 1])      ##最大下标处的元素值
```

运行结果：

```
长度为：6
最大下标处的元素值为：f
```

2.12.4.4　while 循环遍历

若要遍历字符串，除使用 for 循环外，还可使用 while 循环。但使用 while 循环遍历字符串时，需要使用下标来访问元素。例如，使用 while 循环遍历字符串 Hello，则可写成：

```
content = "Hello"
i = 0
##while 循环
while i < len(content):
    print("%s  " % content[i]),
    i += 1
```

运行结果：

```
H e l l o
```

2.12.5　常用函数

对于 Python 中的字符串，常用函数主要有这几类，分别为切片、替换、查找、比较等。下面分不同类详细介绍这些函数。

2.12.5.1　切　片

切片是指对操作的对象截取其中一部分内容的操作，实际上，字符串、列表、元组都支持切片操作。切片的语法格式如下：

```
[起始:结束]
或
[起始:结束:步长]
```

注意：选取的区间属于左闭右开型，即从"起始"位开始，到"结束"位的前一位结束（注意：不包含结束位本身）。下面以字符串 HelloABC 为例进行介绍。

案例 1：截取其中一部分内容，示例代码如下：

```
print(strs[1:5])        ##截取下标值[1, 5)的内容
```

运行结果：

```
ello
```

案例 2：截取某下标到结尾的内容，示例代码如下：

```
print(strs[2:])        ##截取下标值 2 到结尾的内容
```

运行结果：

```
lloABC
```

案例 3：截取某下标到倒数第几个的内容，示例代码如下：

```
print(strs[1:-1])        ##截取下标值 2 到倒数第 2 个的内容
```

运行结果：

```
elloAB
```

案例 4：反转字符串，示例代码如下：

```
print(strs[::-1])        ##反转字符串
```

运行结果：

```
CBAolleH
```

案例 5：截取内容的其他案例，示例代码如下：

```
>>> strs = "HelloABC"
>>> strs[:3]           ##截取起始处开始到某处
'Hel'
>>> strs[::2]          ##每隔 2 个截取一下内容
'HloB'
>>> strs[100:1:2]      ##超出下标值
''
>>> strs[::-2]         ##从结尾往前每隔 2 个截取一下内容
'CAle'
```

2.12.5.2　替　换

在 Python 中，字符串的替换操作常用函数如表 2.16 所列。

表 2.16　字符串的替换操作常用函数

函数原型	函数说明
capitalize()	将字符串的第一个字母变成大写,其他字母变成小写
title()	返回"标题化"的字符串,即所有单词首字母大写,其余字母均为小写
lower()	转换字符串中所有大写字符为小写
upper()	将字符串中的小写字母转为大写字母
replace(old, new[, max])	把字符串中的 old(旧字符串)替换成 new(新字符串),如果指定第三个参数 max,则替换不超过 max 次
split(sep[,num])	通过指定分隔符对字符串进行切片,如果参数 num 有指定值,则仅分隔 num 个子字符串,分隔后的结果为列表类型的值
splitlines([num])	按照行分隔,返回一个包含各行作为元素的列表,如果 num 指定则仅切片 num 个行
partition(sep)	把字符串以 sep 分隔成三部分:sep 前、sep 和 sep 后
rpartition(sep)	类似于 partition()函数,不过是末尾处开始分隔
lstrip()	删除字符串开始处的空白字符
rstrip()	删除字符串末尾处的空白字符
strip()	删除字符串两端的空白字符

下面以字符串"hey it is python and edu118python"为例来分别进行介绍。

案例 1:测试 capitalize()和 title()函数,示例代码如下:

```
>>> str1 = "hey boy"
>>> str1.capitalize() ##将字符串第一个字符变大写
'Hey boy'
>>> str1.title()      ##把字符串的每个单词首字母大写
'Hey Boy'
```

案例 2:测试 lower()和 upper()函数,示例代码如下:

```
>>> str2 = "This is so Easy."
>>> str2.lower()      ##转换 str2 中所有大写字符为小写
'this is so easy.'
>>> str2.upper()      ##转换 str2 中所有小写字符为大写
'THIS IS SO EASY.'
```

案例 3:测试 replace()函数,示例代码如下:

```
>>> str3 = "this is so easy. this is so easy."
>>> print(str3.replace("is","was"))      ##将 str3 中的 is 全部替换为 was
```

```
thwas was so easy.thwas was so easy.
    >>> print(str3.replace("is","was",3))        ##将 str3 中的 is 替换为 was,最多 3 次
thwas was so easy.thwas is so easy.
```

案例 4：测试 split()和 splitlines()函数,示例代码如下：

```
    >>> str4 = "this,is,so,easy"
    >>> print(str4.split(","))              ##通过,对字符串 str4 进行分隔
['this', 'is', 'so', 'easy']
    >>> print(str4.split(",",2))            ##通过,对字符串 str4 进行分隔,分隔 2 次
['this', 'is', 'so,easy']
    >>>
    >>> str5 = "line1-1 2 3 4\nline2-a b c d e\nline3-i ii iii"
    >>> print(str5.splitlines())            ##以特殊分隔符号进行分隔
['line1-1 2 3 4', 'line2-a b c d e', 'line3-i ii iii']
```

案例 5：测试 partition()和 rpartition()函数,示例代码如下：

```
    >>> str6 = "Hello it is Jimy.Hello it is Jimy."
    >>> print(str6.partition("is"))         ##以 is 为分隔,分为三部分
('Hello it ', 'is', ' Jimy.Hello it is Jimy.')
    >>> print(str6.rpartition("is"))        ##以 is 为分隔,从右往左分为三部分
('Hello it is Jimy.Hello it ', 'is', ' Jimy.')
```

案例 6：测试 lstrip()、rstrip()和 strip()函数,示例代码如下：

```
    >>> str7 = "        I am a super man.            "
    >>> str7.lstrip()      ##去掉开始处的空白字符
'I am a super man.            '
    >>> str7.rstrip()      ##去掉结尾处的空白字符
'        I am a super man.'
    >>> str7.strip()       ##去掉两端的空白字符
'I am a super man.'
```

2.12.5.3 查　找

在 Python 中,字符串的查找操作常用函数如表 2.17 所列。

表 2.17　字符串的查找操作常用函数

函数原型	函数说明
find(sub[,st[,en]])	检测 sub 是否包含在字符串中,如果是,则返回 sub 所在开始的下标(索引)值,否则返回-1

函数原型	函数说明
rfind(sub[,st[,en]])	类似于 find()函数,不过是从字符串的末尾处开始查找
index(sub[,st[,en]])	跟 find()方法几乎是一样的,只不过当 sub 不在字符串中时会报一个异常
rindex(sub[,st[,en]])	类似于 index()函数,不过是从字符串的末尾处开始查找
count(sub[,st[,en]])	返回 sub 在 start 和 end 之间且在字符串里出现的总次数

测试查找操作的上述函数,示例代码如下:

```
>>> str = "hello edu118 and edu118Python"
>>> str.find("and",0,20)        ##and 在字符串 0～20 之间出现的下标值
13
>>> str.index("edu",0,10)       ##edu 在字符串 0～10 之间出现的下标值
6
>>> str.count("hello",0,7)      ##hello 在字符串 0～7 之间出现的下标值
1
```

2.12.5.4 比 较

在 Python 中,字符串的比较操作常用函数如表 2.18 所列。

表 2.18 字符串的比较操作常用函数

函数原型	函数说明
startswith(sep[,st[,en]])	检查字符串是否以 sep 开头,若是则返回 True,否则返回 False
endswith(sep[,st[,en]])	检查字符串是否以 sep 结束,若是则返回 True,否则返回 False
isalpha()	若字符串中的所有字符都是字母,则返回 True,否则返回 False
isdigit()	若字符串中的所有字符都是数字,则返回 True,否则返回 False
isalnum()	若字符串中的所有字符都是字母或数字,则返回 True,否则返回 False
isspace()	若字符串中的所有字符都是空格,则返回 True,否则返回 False

测试比较操作的上述函数,示例代码如下:

```
>>> content = "hello123abc"
>>> print(content.startswith("hello"))        ##字符串是否以 hello 开头
True
>>> print(content.endswith("abc"))            ##字符串是否以 abc 结尾
True
>>> print(content.isalpha())                  ##字符串是否全是字母
False
>>> print(content.isdigit())                  ##字符串是否全是数字
```

```
False
>>> print(content.isalnum())        ##字符串是否是字母或数字
True
>>> print(content.isspace())        ##字符串是否全是空格
False
```

2.12.5.5　其他函数

在 Python 中,字符串的其他操作常用函数如表 2.19 所列。

表 2.19　字符串的其他操作常用函数

函数原型	函数说明
ljust(width[,fillchr])	返回一个原字符串左对齐,并使用空格填充至长度 width 的新字符串
rjust(width[,fillchr])	返回一个原字符串右对齐,并使用空格填充至长度 width 的新字符串
center(width[,fillchr])	返回一个原字符串居中,并使用空格填充至长度 width 的新字符串
join(seq)	用于将序列中的元素以指定的字符连接生成一个新的字符串

测试其他操作的上述函数,示例代码如下:

```
>>> source = "hello"
>>> source.ljust(20)               ##向左对齐,再使用空格填充
'hello               '
>>> source.rjust(10)               ##向右对齐,再使用空格填充
'     hello'
>>> source.center(50)              ##居中对齐,再使用空格填充
'                      hello                       '
```

2.13　列表(list)

某次计算机考试结束后,老师让课代表小明统计全班 35 位同学的计算机成绩并求出全班同学的平均成绩。此时,假设你是小明,并运用 Python 程序来求解,该怎么办呢?

此时,可以定义 35 个变量,然后相加求和,最后来计算全班同学的平均分。执行过程中,读者会发现定义这么多变量过于繁琐,可以采取更好的处理方式,即使用列表。

2.13.1　基本概念

列表(list)是 Python 中的一种数据类型,它是一个可以存放各种数据类型值的容器,通常使用中括号([ ])括起来。列表的特点主要有:①列表的长度可以变化;

②列表可用于存放不同类型的数据内容。列表的语法格式如下：

```
列表变量名 = [元素 1,元素 2,元素 3,...]
```

创建一个列表，只要把逗号(,)分隔的不同数据内容使用中括号([ ])括起来即可,如下所示：

```
studentNames = ["Amy","Berry","Funny","Hibi","Smith","Kobe"]
```

或者

```
content = [123,"Hello",3.14,"abc"]    ##存放有不同类型的数据内容
```

简单地说,在 Python 中使用中括号([ ])标识的数据就是列表。若要查看该列表变量的数据类型,则可写成：

```
print(type(studentNames))
```

运行结果：

```
< type 'list' >
```

若要获取该列表中的单个元素,则可通过下标来获得,如下：

```
print(studentNames[0])    ##获得第 1 个元素的值
print(studentNames[1])    ##获得第 2 个元素的值
```

运行结果：

```
Amy
Berry
```

2.13.2　遍历列表

若要获取到列表中的所有的单个元素(所谓元素,是指列表中的单个数值),需要对该列表进行遍历,遍历列表可采用两个方式,分别是 for 循环遍历和 while 循环遍历。

2.13.2.1　for 循环遍历

采用 for 循环来遍历上述案例中的列表 studentNames,示例代码如下：

```
studentNames = ["Amy","Berry","Funny","Hibi","Smith","Kobe"]
##for 循环遍历
for name in studentNames:
    print(name)
```

运行结果：

```
Amy
Berry
Funny
Hibi
Smith
Kobe
```

若要完成一个带下标索引值的遍历，可以写成：

```
studentNames = ["Amy","Berry","Funny","Hibi","Smith","Kobe"]
＃＃下标
index = 0
＃＃for 循环遍历
for name in studentNames:
    print("%d--> %s"%(index,name))
    index += 1
```

运行结果：

```
0--> Amy
1--> Berry
2--> Funny
3--> Hibi
4--> Smith
5--> Kobe
```

其实，除了上述的这种方式外，还可以通过使用 enumerate()函数来完成，其功能是将列表元素以下标-元素(类似于 key－value)组成的序列存储。

通过这种方式完成上述案例，示例代码如下：

```
studentNames = ["Amy","Berry","Funny","Hibi","Smith","Kobe"]
＃＃for 循环,通过 enumerate()完成
for index,name in enumerate(studentNames):
    print("%d === %s"%(index,name))
```

运行结果：

```
0 === Amy
1 === Berry
2 === Funny
3 === Hibi
```

```
4 === Smith
5 === Kobe
```

2.13.2.2 while 循环遍历

当使用 while 循环遍历字符串时,需要使用下标来访问元素,同时还需要通过 len()函数来获得列表的数据长度。例如,使用 while 循环遍历上述案例中的列表 studentNames,示例代码如下:

```
studentNames = ["Amy","Berry","Funny","Hibi","Smith","Kobe"]
i = 0
##while 循环遍历
while i < len(studentNames):
    print(studentNames[i])
    i += 1
```

运行结果:

```
Amy
Berry
Funny
Hibi
Smith
Kobe
```

2.13.3 常用函数

对于 Python 中的列表,常用函数主要有这几类,分别是查找元素、添加元素、删除元素、修改元素、排序等。下面分不同类详细介绍这些函数。

2.13.3.1 查找元素

所谓的查找元素,就是查看列表中指定的元素是否存在,若存在后就可查询具体元素值。在 Python 中,列表的查找元素操作常用函数如表 2.20 所列。

表 2.20 查找元素操作常用函数

函数原型	函数说明
in	表示某个元素是否在列表中,若存在则返回 True,否则返回 False
not in	表示某个元素是否在列表中,若存在则返回 False,否则返回 True
index(x)	用于从列表中找出某个值第一个匹配项的索引位置
count(x)	用于统计某个元素在列表中出现的总次数

案例 1:测试 in 和 not in,示例代码如下:

```
>>> str1 = [100,"edu118","edu118",3.14]
>>> if "edu118" in str1:    ##in,是否存在
print("是存在的.")
是存在的.
>>> if "edu118" not in str1:    ##not in,是否不存在
print("不存在呢...")
>>>
```

需要注意的是,in 和 not in 常用于 for 循环中,如遍历上述列表,示例代码如下:

```
str1 = [100,"edu118","edu118",3.14]
##for 循环遍历
for temp in str1:
    print(temp)
```

运行结果:

```
100
edu118
edu118
3.14
```

案例 2:测试 index()和 count()函数,示例代码如下:

```
str1 = [100,"edu118","edu118",3.14]
print(str1.index(100))     ## index 函数
print(str1.count("edu118"))      ##count 函数
```

运行结果:

```
0
2
```

2.13.3.2　添加元素

在 Python 中,列表的添加元素操作常用函数如表 2.21 所列。

表 2.21　列表的添加元素操作常用函数

函数原型	函数说明
append(x)	用于在列表末尾添加新的对象 x
extend(seq)	用于在列表末尾一次性追加另一个序列中的多个值(用新列表扩展原来的列表)
insert(index, obj)	用于在指定位置 index 前插入元素 obj

案例 1:测试 append()函数,示例代码如下:

```
>>> lists = ["abc","boy"]
>>> lists.append("girl")    ##末尾添加元素
>>> lists
['abc', 'boy', 'girl']
```

案例 2：测试 extend()函数，示例代码如下：

```
>>> lists = ["abc","boy"]
>>> names = ["haha","xiaoming","zhangsan"]
>>> lists.extend(names)    ##末尾添加列表
>>> lists
['abc', 'boy', 'haha', 'xiaoming', 'zhangsan']
```

案例 3：测试 insert()函数，示例代码如下：

```
>>> lists = ["abc","boy"]
>>> lists.insert(1,"HelloWorld123")    ##下标1前添加元素
>>> lists
['abc', 'HelloWorld123', 'boy']
```

2.13.3.3 删除元素

现实生活中，若某位同学从大学毕业了，那么就应该把这位毕业的学生姓名从学生管理系统中删除掉。在实际开发中，经常会用到删除这种功能。在 Python 中，列表的删除元素操作常用函数如表 2.22 所列。

表 2.22 列表的删除元素操作常用函数

函数原型	函数说明
del	根据下标进行删除元素
pop([i])	弹出第 i 个元素，若省略 i，则弹出最后一个元素
remove(x)	用于移除列表中元素值 x 的第一个匹配项

案例 1：测试 del，示例代码如下：

```
>>> datas = ["Python","Java","Android","iOS","Linux","M4"]
>>> del datas[3]    ##删除 iOS 元素
>>> datas
['Python', 'Java', 'Android', 'Linux', 'M4']
```

案例 2：测试 pop()函数，示例代码如下：

```
>>> datas = ["Python","Java","Android","iOS","Linux","M4"]
>>> datas.pop()    ##删除最末尾元素
```

```
'M4'
>>> datas
['Python', 'Java', 'Android', 'iOS', 'Linux']
```

案例 3：测试 remove()函数,示例代码如下：

```
>>> datas = ["Python","Java","Android","iOS","Linux","M4"]
>>> datas.remove("Android")     ##删除 Android 元素
>>> datas
['Python', 'Java', 'iOS', 'Linux', 'M4']
```

2.13.3.4　修改元素

在 Python 中,修改列表元素时,要通过下标来进行修改,且修改元素的操作比上述操作都更简单,语法格式如下：

```
>>> names = ["zhangsan","lisi","wangwu"]
>>> names
['zhangsan', 'lisi', 'wangwu']
>>> names[1] = "laowang"      ##删除 lisi 为 laowang
>>> names
['zhangsan', 'laowang', 'wangwu']
```

2.13.3.5　排　序

在 Python 中,列表的排序元素操作常用函数如表 2.23 所列。

表 2.23　列表的排序元素操作常用函数

函数原型	函数说明
sort([reverse])	将列表按特定顺序重新排列,默认排序为从小到大,参数 reverse=True 可改为倒序,即从大到小排序
reverse()	将列表数据内容倒序

案例 1：测试 sort()函数,示例代码如下：

```
>>> numbers = [12,78,2,34]
>>> numbers.sort()     ##从小到大排序
>>> numbers
[2, 12, 34, 78]
>>> numbers.sort(reverse=True)      ##从大到小排序
>>> numbers
[78, 34, 12, 2]
```

案例 2：测试 reverse() 函数，示例代码如下：

```
>>> numbers = [12,78,2,34]
>>> numbers.reverse()      ##倒序
>>> numbers
[34, 2, 78, 12]
```

2.13.4　列表嵌套

2.13.4.1　基本使用

与 while 循环嵌套类似，Python 中的列表也支持嵌套，即一个列表中的元素又是一个列表，这就是列表的嵌套，语法格式如下：

```
列表变量名 1 = [……,[列表 2],……]
```

下述列表就属于列表嵌套，示例代码如下：

```
infos = [["F22","歼－20","T50"],
         ["奥迪","宝马","奔驰","丰田"],
         ["ofo单车","摩拜单车"]]
```

若要获取内层列表中的具体元素时，语法格式如下：

```
外层列表名[内层列表下标][内层列表的元素下标]      ##注:下标值从 0 开始计算
```

例如，要获取上述列表 infos 中的"歼－20"、"奔驰"，可写成：

```
print(infos[0][1])      ##获得元素歼－20
print(infos[1][2])      ##获得元素奔驰
```

运行结果：

```
歼－20
奔驰
```

2.13.4.2　案例讲解

某大学开学期间，计算机软件工程专业班来了 6 名学生等待分配宿舍，现有 3 个学生宿舍可用于分配学生住宿，请使用 Python 程序编写，并使用列表嵌套来完成随机分配。

注意，此时需要使用到模块 random 中的 randint() 函数，基本使用如下：

```
>>> import random
>>> number = random.randint(0,5)        ##获得 0~5 之间的随机数,包括 0 和 5
>>> number
4
```

接下来,对上述的 6 名学生进行随机分配宿舍,示例代码如下:

```
import random
##学生宿舍列表嵌套
rooms = [[],[],[]]
##学生姓名列表
students = ["刘力","张晓军","县亮亮","李子龙","李白","王鹏"]
##随机分配到宿舍
for name in students:
    ##产生随机数
    index = random.randint(0,2)
    ##把学生分配到宿舍
    rooms[index].append(name)
##学生宿舍编号
count = 1
##显示出不同宿舍中的学生姓名等信息
for room in rooms:
    print("学生宿舍%d的学生有:"% count)
    count += 1
    ##遍历内层列表
    for name in room:
        print("%s"% name),
    print("")
    print("----------------------------------")
```

运行结果:

```
学生宿舍 1 的学生有:
刘力　县亮亮
----------------------------------
学生宿舍 2 的学生有:
李白　王鹏
----------------------------------
学生宿舍 3 的学生有:
张晓军　李子龙
----------------------------------
```

2.14 元组(tuple)

在 Python 中,元组与列表类似,所不同的是元组的元素一旦初始化后,则不能再进行修改了。通常情况下,元组是使用圆括号,即(),括起来。元组的语法格式如下:

```
元组变量名 = (元素 1,元素 2,元素 3,...)
```

创建一个元组,只要把逗号(,)分隔的不同数据内容使用圆括号括起来即可,如下所示:

```
brands = ("华为","小米","魅族","OPPO")
```

或者

```
content = (60,"LaoWang",3.14)      ##存放有不同类型的数据内容
```

简单地说,在 Python 中使用圆括号标识的数据就是元组。若要查看该元组变量的数据类型,则可写成:

```
print(type(brands))
```

运行结果:

```
< type 'tuple' >
```

若要获取该元组中的单个元素,则可通过下标来获得,如下:

```
print(brands[1])      ##获得第 2 个元素的值
print(brands[2])      ##获得第 3 个元素的值
```

运行结果:

```
小米
魅族
```

特别需要注意的是,元组与列表使用方法基本相同,但是元组是不允许修改元素值的,示例代码如下:

```
>>> data = ("abc",100,2.71)
>>> data[0] = "hello"      ##想把 abc 修改为 hello,会报错
Traceback (most recent call last):
```

```
File "< pyshell#7 >", line 1, in < module >
    data[0] = "hello"    ##想把 abc 修改为 hello,会报错
TypeError: 'tuple' object does not support item assignment
```

2.15　字典(dict)

其用户信息列表,每个用户信息包括用户 id、用户名、密码、性别、年龄等,代码如下:

```
users = [["u9034","admin","123456","男",23],["u9035","妮妮","nini123","女",21],
["u9012","王 sir","hahawang6","男",25],["u9008","miss_L","lingff444","保密",
22],...]
```

若要从列表中找到某个用户的信息,需要循环遍历,然后每个信息去核对查找,操作过于繁琐。其实,存储这些数据有更好的方式,那就是 Python 中的字典。

2.15.1　基本概念

回忆一下,小时候遇到生字生词时,查字典是怎么一个过程呢? 比如,先查看首字母,并根据字母表查看相应的生字,然后根据生字所在字典中的页数,接着查看……。其实,在 Python 中,也有类似于实际生活中的字典的知识点,也叫做字典相似地,Python 中的字典存储的就是 key - value(键值对)形式的数据,用于维护键值对,描述了从不重复的键到值的映射。

在 Python 中,字典是一种可变的容器模型,且可存储任意类型的对象。需要注意,字典的每个键值对用冒号(:)分隔,每个键值对之间用逗号(,)分隔,整个字典包括在一个花括号({})中,语法格式如下:

```
字典变量名 = {key1:value1,key2:value2,key3:value3,...}
```

创建一个字典,只要把逗号(,)分隔的不同数据内容使用花括号({})括起来即可,如下所示:

```
students = {"name":"张三","sex":"man","age":24}
```

简单地说,在 Python 中使用圆括号标识的数据就是元组。若要查看该元组变量的数据类型,则可写成:

```
print(type(students))
```

运行结果:

```
< type 'dict' >
```

当然,对于 Python 中的字典还需要注意以下几点:

① 字典和列表一样,也能够存储多个数据;

② 字典的每个元素由两部分组成,分别是键(key)和值(value),例如"sex":"man",其中"sex"为键,"man"为值;

③ 字典中查找某个元素的值时,是根据键来获得值的;

④ 键是唯一的,若元素的键有重复,则最后一个键值对中的值会替换前面的值,且值不需要唯一,如下:

```
>>> names = {"name":"zhangsan","sex":"male","name":"wangwu"}        ##注意有两
个 name
>>> names
{'name': 'wangwu', 'sex': 'male'}
```

⑤ 值可以取任何数据类型,但键必须是不可变的,例如字符串、数字或元组。

2.15.2 根据键访问值

在 Python 字典中,当要查找某个元素的值时,可根据键来获得,语法格式如下:

```
字典变量名[键名称]
```

例如,要获得下列字典中的 brand(注意:若访问不存在的键,则会报错),则可写成:

```
>>> produceInfo = {"brand":"Lenovo","price":4599.0}
>>> print(produceInfo["brand"])      ##获得 brand 的值
Lenovo
>>> print(produceInfo["name"])       ##若访问不存在的键,则会报错
Traceback (most recent call last):
    File "< pyshell#23 >", line 1, in < module >
        print(produceInfo["name"])        ##若访问不存在的键,则会报错
KeyError: 'name'
```

除了使用上述方式外,还可以使用如下函数:

get(key[, default]):返回指定键的值,若值不在字典中,则返回默认值。

例如,要获得下列字典中的 name 和 address,则可写成:

```
>>> studentInfo = {"stuNo":1,"name":"小明","phone":"10011","address":"广东·深
圳"}
>>> print(studentInfo.get("name"))       ##获得 name 的值
```

```
小明
>>> print(studentInfo.get("address"))        ＃＃获得 address 的值
广东·深圳
```

若不确定字典中是否存在某个键而又想获取其值时,可以使用 get()函数,同时还可以为其设置默认值,示例代码如下:

```
>>> age = studentInfo.get("age")
>>> age
>>> ＃＃'age' 键不存在,所以 age 为 None
>>> type(age)
< type 'NoneType' >
>>> age = studentInfo.get("age",24)          ＃＃若不存在 age,则设置 age 默认值为 24
>>> age
24
```

2.15.3　常用函数

对于 Python 中的字典,常用函数主要有这几类,分别是添加元素、修改元素、删除元素、其他函数等。下面分不同类详细介绍这些函数。

2.15.3.1　添加元素

在字典中,若访问不存在的元素,示例代码如下:

```
info = {'name':'班长 ', 'sex':'female', 'address':'中国深圳 '}
print("访问键为 id 的值为 % d" % info["id"])        ＃＃求键 id 的值
```

运行后,报错结果如图 2.24 所示。

```
Traceback (most recent call last):
  File "F:/src/day04/test4/2.py", line 2, in <module>
    print("访问键为id的值为%d"%info["id"])        ##求键id的值
KeyError: 'id'
```

图 2.24　错误结果

当在使用"字典变量名［键名称］＝ 数据"时,若这个"键名称"在字典中不存在,那么就会新增这个元素,示例代码如下:

```
info1 = {'name':'班长 ', 'sex':'female', 'address':'中国深圳 '}
newId = raw_input('请输入新的学号:')        ＃＃也可使用 input()函数
info1['id'] = newId
print('添加之后的 id 为: % d' % info1['id'])
```

运行结果：

```
请输入新的学号:23
添加之后的 id 为:23
```

2.15.3.2 修改元素

字典中的每个元素的数据是可以进行修改的,需要通过 key 找到后并修改,示例代码如下：

```
info2 = {'name':'班长 ', 'sex':'female', 'address':'中国深圳 '}
print("显示键 name 的值为 % s" % info2["name"])
＃＃输入修改值
newName = raw_input('请输入要修改后的姓名:')
info2["name"] = newName
print("显示键 name 的修改后值为 % s" % info2["name"])
```

运行结果：

```
显示键 name 的值为班长
请输入要修改后的姓名:课代表
显示键 name 的修改后值为课代表
```

2.15.3.3 删除元素

在 Python 中,字典的删除元素操作常用函数如表 2.24 所列。

表 2.24 字典的删除元素操作常用函数

函数原型	函数说明
del	根据下标进行删除元素
clear()	用于删除字典内所有元素

案例 1：测试 del,示例代码如下：

```
info3 = {'name':'班长 ', 'sex':'female', 'address':'中国深圳 '}
print("删除前,键 name 的值为 % s" % info3["name"])        ＃＃删除前 name
＃＃删除
del info3["name"]
print("删除后,键 name 的值为 % s" % info3["name"])        ＃＃删除后 name 是不可访问的,
会报错
```

运行结果如图 2.25 所示。

删除前,键name的值为班长

```
Traceback (most recent call last):
  File "F:/src/day04/test4/4.py", line 5, in <module>
    print("删除后,键name的值为%s"%info3["name"])      ##删除后name是不可访问的,会报错
KeyError: 'name'
```

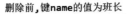

图 2.25　运行结果

案例 2：测试 clear()函数,示例代码如下:

```
info4 = {'name':'monitor', 'sex':'female', 'address':'shenzhen'}
print("删除前,字典内容为:%s" % info4)
##删除
info4.clear()     ##清空数据
print("删除后,字典内容为:%s" % info4)
```

运行结果:

```
删除前,字典内容为:{'address': 'shenzhen', 'name': 'monitor', 'sex': 'female'}
删除后,字典内容为:{}
```

2.15.3.4　其他函数

在 Python 中,字典的其他常用函数如表 2.25 所列。

表 2.25　字典的其他常用函数

函数原型	函数说明
len(s)	返回对象 s(字符、列表、元组等)的长度或元素个数或项目个数
keys()	以列表的形式返回一个字典所有的键
values()	以列表的形式返回一个字典所有的值
items()	返回由键值组成的序列,主要用于遍历
has_key(key)	用于判断键是否存在于字典中,若键在字典 dict 里则返回 True,否则返回 False

下面以字典 source = {"name":"computer","brand":"Lenove","price":6299.5}为例来分别进行介绍。

案例 1：测试 len()函数,示例代码如下:

```
>>> source = {"name":"computer","brand":"Lenove","price":6299.5}
>>> print("字典的长度为:%d" % len(source))
字典的长度为:3
```

案例 2：测试 keys()函数,示例代码如下:

```
>>> source = {"name":"computer","brand":"Lenovo","price":6299.5}
>>> source.keys()      ##字典中所有的 key
['price', 'brand', 'name']
```

案例 3：测试 values()函数,示例代码如下：

```
>>> source = {"name":"computer","brand":"Lenovo","price":6299.5}
>>> source.values()      ##字典中所有的 value
[6299.5, 'Lenovo', 'computer']
```

案例 4：测试 items()函数,示例代码如下：

```
>>> source = {"name":"computer","brand":"Lenovo","price":6299.5}
>>> source.items()      ##字典中 key-value 组合成的序列
[('price', 6299.5), ('brand', 'Lenovo'), ('name', 'computer')]
```

案例 5：测试 has_key()函数,示例代码如下：

```
>>> source = {"name":"computer","brand":"Lenovo","price":6299.5}
>>> source.has_key("name")      ##是否有 name 键
True
>>> source.has_key("age")      ##是否有 age 键
False
```

2.15.4　遍历字典

通过 for ... in ... 这种 for 循环的语法结构,可以遍历字符串、列表、元组、字典等。接下来就来遍历所有的 key(键)、遍历所有的 value(值)、遍历所有的 item(项)、遍历所有的 key-value(键值对)进行详细介绍。

2.15.4.1　遍历所有的 key(键)

通过 keys()函数来遍历所有的 key(键),示例代码如下：

```
users = {"username":"admin123","password":"123456"}
##通过 keys()遍历
for key in users.keys():
    print(key)
```

运行结果：

```
username
password
```

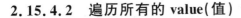

2.15.4.2　遍历所有的 value(值)

通过 values()函数来遍历所有的 value(值),示例代码如下:

```
users = {"username":"admin123","password":"123456"}
##通过 value()遍历
for value in users.values():
    print(value)
```

运行结果:

```
admin123
123456
```

2.15.4.3　遍历所有的 item(项)

通过 items()函数来遍历所有的 item(项),示例代码如下:

```
users = {"username":"admin123","password":"123456"}
##通过 items()遍历
for item in users.items():
    print(item)
```

运行结果:

```
('username', 'admin123')
('password', '123456')
```

2.15.4.4　遍历所有的 key - value(键值对)

通过 items()函数来遍历所有的 key - value(键值对),示例代码如下:

```
users = {"username":"admin123","password":"123456"}
##通过 items()遍历 key - value
for key,value in users.items():
    ##格式:key = ?,value = ?
    print("key = % s,value = % s" % (key,value))
```

运行结果:

```
key = username,value = admin123
key = password,value = 123456
```

2.16　函数简介

2.16.1　引入函数

首先,来看一下下面的这个案例,代码如下:

```
print("                              _ooOoo_              ")
print("                             o8888888o             ")
print("                             88   .   88            ")
print("                             (| -_- |)             ")
print("                             O\\  =  /O            ")
print("                          ____/'---'\\____         ")
print("                        .  ' \\\| |// '.          ")
print("                         / \\\||| : |||//\\           ")
print("                        / _|||| -:- ||||_\\         ")
print("                        | | \\\\\\  -  ///| |         ")
print("                        | \\_|  ''\\---/''  | |          ")
print("                         \\ .-\\__  '-'  ___/-. /          ")
print("                       ___'. .'  /--.--\\  '. .__       ")
print("                    .\"\" '< '.___\\_<|>_/___.' >'\"\".       ")
print("                   | | :  '- \\'.;'\\ _/';.'/ - ' : | |        ")
print("                    \\ \\ '-. \\_ __\\ /__ _/ .-' / /       ")
print("               ==== ==-.____'-.___\\_____/___.-'____.-'==== ==    ")
print("                               '=---='              ")
print("  ")
print("            .........................................          ")
print("         .........佛祖镇楼.................bug 辟易...")
print(     "佛曰:  ")
print(            "写字楼里写字间,写字间里程序员;  ")
print(            "程序人员写程序,又拿程序换酒钱。   ")
print(            "酒醒只在网上坐,酒醉还来网下眠;  ")
print(            "酒醉酒醒日复日,网上网下年复年。   ")
print(            "但愿老死电脑间,不愿鞠躬老板前;  ")
print(            "奔驰宝马贵者趣,公交自行程序员。   ")
print(            "别人笑我太疯癫,我笑自己命太贱;  ")
print(            "不见满街漂亮妹,哪个归得程序员?")
```

运行结果如图 2.26 所示。

佛祖镇楼...................bug辟易...

佛曰：

写字楼里写字间，写字间里程序员；
程序人员写程序，又拿程序换酒钱。
酒醒只在网上坐，酒醉还来网下眠；
酒醉酒醒日复日，网上网下年复年。
但愿老死电脑间，不愿鞠躬老板前；
奔驰宝马贵者趣，公交自行程序员。
别人笑我太疯癫，我笑自己命太贱；
不见满街漂亮妹，哪个归得程序员？

图 2.26　运行结果

　　若某个程序在不同的条件下需要输出"佛祖镇楼"，可以使用到之前学习过的 if 语句，如下：

```
if 条件 1：
    输出"佛祖镇楼"
    ……
elif 条件 2：
    输出"佛祖镇楼"
    ……
elif 条件 3：
    输出"佛祖镇楼"
    ……
……(省略)
```

　　仔细观察上述代码，发现需要输出多次的"佛祖镇楼"，那这是否意味着要多次编写这块代码呢？此时，就可以使用函数来解决这个问题。

2.16.2 基本概念

所谓函数,指的是一段用来完成特定功能的代码片段。在某些计算机语言也把函数称为方法,如 Java 语言。在程序中使用函数的优点主要有:

① 便于开发者阅读程序;

② 有助于提高代码的复用性。

通俗地说,在实际开发过程中,若需要使用某段代码多次,为了提高代码编写的效率及代码的重用性,往往会把该段具有独立功能的代码组织为一个小模块,这就是通常所说的函数。

2.17 函数定义与调用

2.17.1 基本使用

前文介绍的变量在使用前,必须要先进行定义。同样的,函数在使用前,也需要先进行定义,这时需要使用到关键字 def,定义函数的语法格式如下:

```
def 函数名():
代码片段
```

例如,编写一个 show()函数,并输出"bug 虐我千百遍,我待 bug 如初恋。",示例代码如下:

```
def show():
    print("bug 虐我千百遍,我待 bug 如初恋。")
```

当定义了上述函数后,就相当于有了一个具有某些特定功能的代码片段,若想要让这个代码片段能够执行,此时需要调用它。调用函数非常简单,直接使用函数名即可完成调用,调用函数的语法格式如下:

```
函数名()
```

例如,完成上述案例的函数调用,示例代码如下:

```
show()
```

运行结果:

```
bug 虐我千百遍,我待 bug 如初恋
```

下面来定义一个函数,该函数能完成打印"人生苦短,我用 Python!"的功能,并

调用该函数,示例代码如下:

```
##定义函数
def print_info():
    print("人生苦短,我用 Python!")
##调用函数
print_info()
```

运行结果:

```
人生苦短, 我用 Python!
```

2.17.2　文档说明

在 Python 中,若想要观察某个函数的描述信息,可以使用 help() 来完成,语法格式如下:

```
help(函数名)
```

其实,上述的描述信息有一个更加专业的称呼,那就是文档说明。例如,我们要查看 input() 函数的文档声明,则在 IDLE 开发工具中输入代码内容及显示文档声明如下:

```
>>> help(input)
Help on built - in function input in module __builtin__:
input(...)
    input([prompt]) - > value
    Equivalent to eval(raw_input(prompt)).
```

这种文档声明同样适用于开发者自定义的函数,示例代码如下:

```
>>> def show():      ##定义函数
    "输出一句话"
    print("Python 学习起来真简单")
>>> help(show)      ##查看 show()函数的文档声明
Help on function show in module __main__:
show()
输出一句话
```

上述输出内容中有 __main__,其实这是 Python 的 main 函数,通常情况下,Python 中的代码默认是在 main 函数中的,不需要再单独定义 main 函数,这点也是不同于其他计算机语言(如 C、Java 语言等)的。

2.17.3 参　数

2.17.3.1　基本介绍

首先,来思考一下下列案例代码(用于求两个数之积)有何不便之处,如下:

```
def get():
    a = 10
    b = 2
    c = a * b
    print(c)      ##输出两数之积
```

仔细观察上述代码,当想要再次求解 99 与 23 之积时,则需要在函数 get()中修改 a 和 b 的值,也就是说,上述所写的这个函数并不通用于求任意两数之积。

为了让一个函数更加通用,在定义函数时可以让函数接收数据值,即函数的参数。

接下来就对上述案例通过函数的参数来进行改进,示例代码如下:

```
##定义函数
def get(a,b):
    c = a * b
    print("两数之积 = % d" % c)
##调用函数
get(10,23)
```

运行结果:

```
两数之积 = 230
```

要注意,在调用带有参数的函数时,需要在圆括号中写入传递的数据值,若需要传递多个数据值,则多个数据值之间要使用逗号分隔开。

下面来定义一个有参数的函数,该函数主要用于某人自我介绍,在该函数中需要完成用户的姓名、年龄、爱好等信息内容的输出,示例代码如下:

```
##自我介绍
def introduce(name,age,love):
    print(" ---------------------")
    print("姓名: % s" % name)
    print("年龄: % d" % age)
    print("爱好: % s" % love)
    print(" ---------------------")
##输入用户名、年龄、爱好
```

```
name = input("请输入姓名:")      ## 还可使用 raw_input()
age = int(input("请输入年龄:"))
love = input("请输入爱好:")
## 调用
introduce(name,age,love)
```

运行结果:

```
请输入姓名:老王
请输入年龄:43
请输入爱好:喜欢待在隔壁…
--------------------
姓名:老王
年龄:43
爱好:喜欢待在隔壁…
--------------------
```

对于函数的参数,需要注意以下几点:

① 若函数已定义完成且没有参数,则直接使用函数名就可以完成函数的调用。

② 若调用函数,该函数定义时有几个参数,就需要传递几个参数值,且多个参数值之间使用逗号(,)分隔开。

③ 形式参数(形参):在函数被定义时用于接收外界传递的参数,通俗地说,形参就是函数定义时圆括号中的参数。此外,还需注意,形参中的变量,在函数中是以局部变量的形式在使用的。

④ 实际参数(实参):在函数被调用时实际传给函数的数据,通俗地说,实参就是函数调用时圆括号中的参数。当然,还要注意,函数只有被调用时才会有实参出现。

⑤ 实参的数目、数据类型和次序必须和所调用函数定义的形参列表相匹配。

2.17.3.2　其他使用

对于参数的其他使用,主要还有缺省参数、不定长参数(可变参数)、传递参数(引用传参)。下面将详细介绍。

1. 缺省参数

所谓缺省参数,指的是可以不传入对应的参数。需要注意的是,当调用函数时,若缺省参数的值没有传入,则直接使用默认值。下列案例中,当 name 没有传递值时,则会打印默认的 name 值,示例代码如下:

```
## 定义显示人物信息的函数
def show_info(age,name = "Ady"):
    print(" ----- 人物信息 -------- ")
    print("姓名:% s" % name)
```

```
    print("年龄：%d" % age)
    print(" -------------------- ")
# #调用
show_info(19)
```

若把上述案例的函数定义为如下格式，即缺省参数位于参数列表的最前边，再进行相同的调用，代码如下：

```
def show_info(name = "Ady", age)：
    ...(省略)
show_info(19)
```

运行上述代码，则会直接报错，如图 2.27 所示。

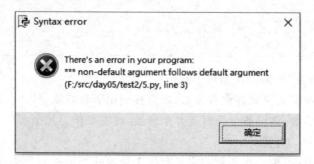

图 2.27　运行结果

因此，需要特别注意的是，带有默认值的缺省参数一定要位于参数列表的最后面，否则会出错。

2. 不定长参数（可变参数）

在实际应用中，有些函数可以传入不确定个数的参数，这些参数称为不定长参数，也可称为可变参数。这类参数通常在声明时有一些隐藏的规范，如：① * args（即加了星号（ * ）的变量 args）会存放所有未命名的变量参数，args 表示元组；② * * kwargs（即加了双星号（ * * ）的变量 kwargs）会存放命名参数，即形如 key＝value 的参数，kwargs 表示字典。不定长参数的语法格式如下：

```
def 函数名(变量 1,变量 2,..., * args, * * kwargs)：
代码
```

接下来，编写一个不定长参数，示例代码如下：

```
# #定义含有不定长参数的函数
def show_nums(num1,num2, * args, * * kwargs)：
    print("数字 1 为：%d" % num1)
    print("数字 2 为：%d" % num2)
```

```
## 元组
print("args = "),
print(args)
## 字典
print("kwargs = "),
print(kwargs)
## 输出字典内容,以 key = value 形式
print("输出字典内容,以 key = value 形式如下:")
for key,value in kwargs. items():
    print(key),
    print(" = "),
    print(value)
## 调用函数
show_nums(1,2,10,20,30,40,m = 11,n = 22)
```

运行结果:

```
数字 1 为:1
数字 2 为:2
args = (10, 20, 30, 40)
kwargs = {'m': 11, 'n': 22}
输出字典内容,以 key = value 形式如下:
m = 11
n = 22
```

3. 传递参数(引用传参)

当可变类型与不可变类型的变量分别作为函数参数时,会有下列不同:

① 当为可变类型时,值可以改变,比如:列表(list)、字典(dict);

② 当为不可变类型时,值不可以改变,比如:数值类型(int, long, bool, float)、字符串(str)、元组(tuple)。

示例代码如下:

```
## 定义一个加法的函数
def add(a):
    a += a    ## 自增
    return a
## 传递不可变类型参数
print("------不可变类型参数--------")
a = 12
print(a)    ## 未传递参数前
sum1 = add(a)
print(sum1)
```

```
print(a)      ##传递参数后
##传递可变类型的参数
print("------可变类型参数---------")
list = [11,22]
print(list)      ##未传递参数前
sum2 = add(list)
print(sum2)
print(list)      ##传递参数后
```

运行结果：

```
------不可变类型参数---------
12
24
12
------可变类型参数---------
[11, 22]
[11, 22, 11, 22]
[11, 22, 11, 22]
```

注意：Python中函数参数是引用传递（注意不是值传递）。对于不可变类型，因变量不能修改，所以运算不会影响到变量自身；而对于可变类型来说，函数体中的运算有可能会更改传入的参数变量。

2.17.4 返回值

2.17.4.1 基本介绍

首先，来了解一下实际生活中的相关案例：

> 甲给乙20元钱，让乙给甲打瓶酱油。
>
> 这个案例中，20元钱是甲给乙的，就相当于上述内容中的调用函数时传递的参数。这里需要关注的是，甲让乙打酱油这个事情最终的目的是，让乙把酱油带回来，然后给甲，而此时酱油就是返回给甲的值。

接着，再来了解一下软件开发中的相关场景：

> 先定义了一个函数，用于获取室内温度，则应该把室内温度值的这个最终结果给调用者，只有调用者拥有了这个返回值，才能够根据当前的温度做适当的调整。

综上所述，所谓的"返回值"，就是程序中函数完成一件事情后，最后返回给调用者的结果，此时需要使用到关键字 return，语法格式如下：

```
return 结果
```

例如,想要求解两个数之和,示例代码如下:

```
##求两个数的和
def get_sum(a,b):
    c = a + b
    return c
```

或

```
##求两个数的和
def get_sum(a,b):
    return a + b
```

定义好上述函数后,接着就可以来调用该函数,如下:

```
##调用
print("两数之和 = % d" % get_sum(10,96))
```

运行结果:

```
两数之和 = 106
```

当然,在上述的"打酱油"的实际生活案例中,最后乙给甲酱油时,甲一定是从乙手中接过来的。程序也是如此,若一个函数返回了一个数据结果,那么想要用这个数据,就需要进行接收保存了。因此,除上述直接调用函数传递数外,还可以使用下列方式,如下:

```
##使用变量保存返回的结果
sum = get_sum(34,23)
##调用显示结果,结果已经存放在 sum 变量中了,因此可直接使用 sum 变量
print("两数之和 = % d" % sum)
```

运行结果:

```
两数之和 = 57
```

对于函数的返回值,需要注意以下几点:

① 返回值的类型:函数运行结束之后,一般会有运行结果来返回给调用者,返回值的类型就是运行结果的数据类型。

② 可以使用合适的变量来接收函数的返回值。

③ return 语句可终止函数的运行,并指定要返回的数据结果,注意:若无返回

值,可以直接写成 return;而若无需返回值,则可以省略 return 语句。

④ 函数遇到 return 语句后会自动结束函数,并把返回值(如果有)返回给调用者。若无返回值,且省略了 return 语句,则函数会执行到最后一行代码后自动结束。

2.17.4.2 其他使用

对于 return 返回值的其他使用,主要是介绍两个注意事项,分别是:多个 return 语句;返回多个值。

1. 多个 return 语句

当在一个函数中,若一次给该函数使用多个 return 语句返回结果,会产生怎样的效果呢? 示例代码如下:

```
＃＃定义函数
def show_num():
    print(" ------------ 1 ------------ ")
    return 10
    print(" ------------ 2 ------------ ")
    return 20
    print(" ------------ 3 ------------ ")
    return 30
    print(" ------------ 4 ------------ ")
    return 40
＃＃调用函数
num = show_num()
print(num)
```

运行结果:

```
 ------------ 1 ------------
10
```

仔细观察,会发现,当在某个函数中有多个 return 语句时,会返回第一个 return 语句后的结果,同时,在第一个 return 语句执行完毕后该函数直接结束了。

2. 返回多个值

若想要在 return 语句后返回多个值,此时该怎么做呢? 示例代码如下:

```
>>> def get(a,b):      ＃＃定义函数,同时返回和与积
    sum = a + b
    multi = a * b
    return a,b      ＃＃返回多个值
>>> get(11,28)      ＃＃调用函数
(11, 28)
```

```
>>> type(get(11,28))    ##查看数据类型
< type 'tuple' >
>>> sum,multiply = get(11,28)
>>> sum
11
>>> multiply
28
```

2.17.5　函数的类型

在 Python 中,函数根据是否有参数、是否有返回值等情况相互结合,可分为以下四种不同的类型:无参数、无返回值的函数;无参数、有返回值的函数;有参数、无返回值的函数;有参数、有返回值的函数。

2.17.5.1　无参数、无返回值的函数

此类函数不能接收参数,同时也没有返回值。一般情况下,用于打印提示内容等类似的功能,即可使用这类函数,示例代码如下:

```
##定义无参数、无返回值的函数
def print_money():
    print(" ------------ 没钱时 ------------ ")
    print("今朝有酒今朝醉,明朝无酒喝半杯。")
    print(" ------------ 有钱时 ------------ ")
    print("早餐豆浆买两杯,我喝一杯倒一杯。")
##调用函数
print_money()
```

运行结果如图 2.28 所示。

```
------------没钱时------------
今朝有酒今朝醉,明朝无酒喝半杯。
------------有钱时------------
早餐豆浆买两杯,我喝一杯倒一杯。
```

图 2.28　运行结果

2.17.5.2　无参数、有返回值的函数

此类函数不能接收参数,但可以返回某个数据结果。一般情况下,像采集数据这类操作,即可使用这类函数,示例代码如下:

```
##获取温度
def get_temperature():
```

```
    ＃＃获取温度的一些处理过程
    ＃＃为简单起见,先模拟返回一个数据结果
    return 29
＃＃用变量接收结果
temperature = get_temperature()
print("当前的温度为:%d℃" % temperature)
```

运行结果:

```
当前的温度为:29℃
```

2.17.5.3　有参数、无返回值的函数

此类函数能接收参数,但不可以返回数据。一般情况下,对某些变量设置数据而不需返回结果时,即可使用这类函数(注意:实际开发过程中极少使用这类函数,此处只用作案例讲解),示例代码如下:

```
＃＃交换两个数的位置
def change(a,b):
    temp = a
    a = b
    b = temp
    print("互换位置后:a= %d, b= %d" %(a,b))
＃＃函数调用
change(12,34)
```

运行结果:

```
互换位置后:a= 34, b= 12
```

2.17.5.4　有参数、有返回值的函数

此类函数不仅能接收参数,还可以返回某个数据结果。一般情况下,像数据处理并需要数据结果的应用,即可使用这类函数,示例代码如下:

```
＃＃判断一个年份是否是闰年
def is_run(year):
    ＃＃某年能被4整除且能被100整除,或能被400整除,则表示该年为闰年
    if (year % 4 == 0) and (year % 100!= 0) or (year % 400 == 0):
        return True
    return False
＃＃输入某年
year = int(input("请输入年份:"))
＃＃调用函数判断年份
```

```
flag = is_run(year)
##是闰年
if flag:
    print("%d年是闰年" % year)
else:
    print("%d年不是闰年" % year)
```

运行结果：

```
请输入年份:2018
2018 年不是闰年
```

例如,要完成一个求 1~?（某个自然数,? ≥1)累加求和,示例代码如下：

```
##求 1~? 累加求和
def get_sum(number):
    ##和
    sum = 0
    i = 1
    while i <= number:
        sum += i
        i += 1
    return sum
##求和
print("1~100 进行累加求和 = %d" % get_sum(100))
```

运行结果：

```
1~100 进行累加求和 = 5050
```

当然,在实际开发中定义函数时,通常是根据实际的功能需求来设计函数的,因此不同开发者所编写的函数类型有可能是各不相同的。

2.17.6　函数的嵌套

当一个函数中又调用了另外一个函数,这就是所谓的函数嵌套调用。示例代码如下：

```
##函数 1
def test1():
    print("---------test1()开始----------")
    print("省略 test1()函数的测试代码片段..")
    ##调用 test2()函数
    test2()
```

```
    print(" ---------test1()结束 ----------")
## 函数 2
def test2():
    print("********test2()start********")
    print("test2()")
    print("********test2()stop*********")
## 调用 test1()
test1()
```

运行结果：

```
---------test1()开始 ----------
省略 test1()函数的测试代码片段..
********test2()start********
test2()
********test2()stop*********
---------test1()结束 ----------
```

若在函数 1 中，调用了另外一个函数 2，那么先把函数 2 中的任务都执行完毕之后才会回到上次函数 1 执行的位置，示例如图 2.29 所示。

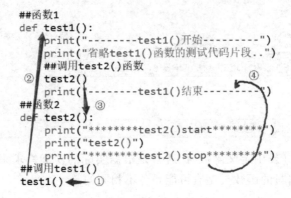

图 2.29   函数调用

2.17.7   案例练习

下面通过两个案例来设计并分析函数的嵌套使用，如下：

① 设计一个函数来完成打印自定义行数的横线，如打印 4 行横线；

② 设计一个函数，用于求解三个数的平均值。

案例 1：打印自定义行数的横线。

首先，写一个函数用于打印一行横线，示例代码如下：

```
##用于打印一行横线
def print_one_line():
    print("----------------------")
```

接着,调用上述打印一行横线的函数,并用来打印自定义行数的横线,示例代码如下:

```
##打印自定义行数的横线
def print_lines(n):
    i = 0
    while i < n:
        ##调用打印一行横线的函数
        print_one_line()
        i += 1
```

最后,调用上述函数,示例代码如下:

```
##调用打印自定义行数的横线的函数,如 4 行横线
number = 4
print_lines(number)
```

运行结果如图 2.30 所示。

图 2.30　运行结果

案例 2:求解三个数的平均值。

首先,写一个函数用于求三个数之和,示例代码如下:

```
##用于求三个数之和
def get_sums(a,b,c):
    return a + b + c
```

接着,调用上述求三个数之和的函数,并用来求解三个数的平均值,示例代码如下:

```
##求解三个数的平均值
def get_avg(num1,num2,num3):
    ##和
    sum = get_sums(num1,num2,num3)
    ##求平均值
    avg = sum/3.0
    return avg
```

最后,调用上述函数,示例代码如下:

```
##3个数
a1 = 12
a2 = 132
a3 = 985
print("平均值为 % f" % get_avg(a1,a2,a3))
```

运行结果:

```
平均值为 376.333333
```

2.18 局部变量与成员变量

在 Python 中,变量可根据定义的不同位置分为局部变量和成员变量(也叫全局变量)。

2.18.1 局部变量

局部变量指的是定义在函数内的参数或定义在函数中的变量,格式如下:

```
def 函数名(局部变量1,局部变量2,...):
    ##代码
def 函数名():
    局部变量3 = 值
    局部变量4 = 值
    ...
```

定义几个局部变量,示例代码如下:

```
##函数1
def test1(num1):
    print("num1 = % d" % num1)
    a = 100
    print("test1()中的 a = % d" % a)
##函数2
def test2():
    a = 55
    print("test2() --> a = % d" % a)
##调用函数
test1(22)
test2()
```

运行结果：

```
num1 = 22
test1()中的 a = 100
test2() --> a = 55
```

对于局部变量,需要注意以下几点：

① 通俗地说,局部变量就是在函数内部定义的变量；

② 局部变量只作用在单个的函数中；

③ 局部变量的作用主要是为了临时保存数据,应用的时候在函数中定义局部变量来进行存储；

④ 不同的函数可以定义相同名字的局部变量,且各个局部变量之间不会相互产生影响。

2.18.2　成员变量

2.18.2.1　基本概念

成员变量指的是与函数处于同一级别的这一类变量,成员变量也可称为全局变量,格式如下：

```
成员变量1 = 值
成员变量2 = 值
...
```

定义一个成员变量,示例代码如下：

```
num = 500
##函数 a
def test_a():
    print("test_a()中的 num = %d" % num)
##函数 b
def test_b():
    print("test_b() --> num = %d" % num)
```

运行结果：

```
test_a()中的 a = 500
test_b() --> a = 500
```

观察上述代码,会发现,成员变量既能在一个函数中使用,也能在其他的函数中使用,即成员变量作用于全局。

2.18.2.2　修改成员变量的值

从上面案例中可知,成员变量能够在所有的函数中进行使用,那么能否改变成员变量的变量值呢? 来尝试一下,如下:

```
##成员变量a
a = 100
##测试函数1
def test1():
    print("test1()变量a修改前:a = % d" % a)
    print(" --------------------------- ")
    ##修改变量a的值
    a = 200
    print("test1()变量a修改后:a = % d" % a)
##测试函数2
def test2():
    print("test2()变量a--> % d" % a)
##调用函数
test1()
test2()        ##这时候的a = 100
```

对于上述代码,在逻辑上是没有任何问题的,但是一运行就报错了,报错信息如图 2.31 所示。

```
Traceback (most recent call last):
  File "F:/src/day05/test2/2.py", line 14, in <module>
    test1()
  File "F:/src/day05/test2/2.py", line 5, in test1
    print("test1()变量a修改前:a=%d"%a)
UnboundLocalError: local variable 'a' referenced before assignment
```

图 2.31　报错信息

从错误提示来看,解释器把变量 a 当成了一个局部变量,而实际上变量 a 是一个成员变量,那么该如何解决这个问题呢? 此时,就需要使用到关键字 global。因为在 Python 语言中,不允许随意修改成员变量的值,若要修改,则需要在代码中进行事先声明,语法格式如下:

```
global 变量名      ##声明要修改具体的某个成员变量名
```

若要对上述代码进行改错,则可直接在 test1()函数中的"a=200"这行代码前添加"global a"即可,示例代码如下:

```
##测试函数1
def test1():
```

```
print("test1()变量a修改前:a = %d" % a)
print(" ------------------------- ")
##声明要修改变量a
global a
##修改变量a的值
a = 200      ##注意,此处把成员变量的值进行修改了
print("test1()变量a修改后:a = %d" % a)
```

运行结果:

```
test1()变量a修改后:a = 200
test2()变量a--> 200
```

特别需要注意的是,一旦成员变量的值修改完成后,则成员变量最初的值也变化了。比如,本案例中的 test2()函数在未修改 a 值时运行结果是 a＝100,当修改 a 值后运行结果是 a＝200。

2.18.2.3　成员变量与局部变量同名情况

当成员变量与局部变量同名情况时,示例代码如下:

```
##成员变量age
age = 25
##函数1
def show1():
    print("show1()函数中的age = %d" % age)     ##?
##函数2
def show2():
    ##局部变量age,注意与成员变量同名
    age = 18
    print("show2() --> age = %d" % age)      ##?
##调用函数
show1()
show2()
```

运行结果:

```
show1()函数中的age = 25
show2() --> age = 18
```

对于成员变量与局部变量同名的情况,需要注意满足"就近原则",简单地说,就是离谁近就显示谁的值。

2.18.2.4 可变类型的成员变量

2.18.2.2 所述案例中,若要对成员变量进行修改值,则需要添加关键字 global 进行声明,但当 list 变量作为成员变量时,则不需要添加声明就可以进行更改成员变量的值。示例代码如下:

```
>>> data = [35,]
>>> print(type(data))      ##data 类型
< type 'list' >       ##列表类型
>>> def show():
    data.append(30)      ##添加数据
    print(data)
>>> show()
[35, 30]
>>> data
[35, 30]
```

2.18.2.5 简要总结

对于局部变量与成员变量,需要注意以下几点:

① 通俗地说,在函数内定义的变量叫做局部变量,在函数外边定义的变量叫做成员变量;

② 局部变量和成员变量的作用域是不同的,局部变量作用于局部(单个的函数中),成员变量作用于全局;

③ 若在某个函数中修改成员变量的值,那么就需要使用关键字 global 进行声明,否则出错;

④ 若成员变量名与局部变量名相同,通常使用的是局部变量的值,记住"就近原则"。

第 3 章

Python 多线程

3.1 线程简介

现代大型应用程序都需要高效快速地完成大量任务,其中,使用多线程就是一个快速提高效率的重要途径。

3.1.1 基本概念

在之前学习的 Python 程序都是从 __main__ 中开始一行一行代码往下执行的,执行完所有代码之后又回到 __main__,并结束整个程序。这种按照顺序从上往下执行的程序叫做单线程程序,且单线程程序在同一个时间内只执行一个任务,示例代码如下:

```
print(" ---------开始执行 ---------")
i = 0
while i < 100:
    print("恭喜发财! --> %d" % i)
    i += 1
print(" ---------结束执行 ---------")
```

上述的程序就属于单线程程序,而在处理实际问题的过程中,单线程程序往往不能适应越来越复杂的业务需求。例如,中国移动通信给市民提供的电话服务,经常需要在一小段时间内服务成千上万个用户,而若要等待一位用户通话完毕后,才能服务下一位用户,这样的服务效率就大大降低了,同时还会导致用户体验极差。此时,若想提高服务的效率,就可以采用多线程的程序来同时处理多个请求任务。

当然,多线程程序其实是扩展了多任务操作的概念,它将多个任务操作降低一级来执行,也就是让各个程序看起来是在同一个时间内执行多个任务,而每个任务通常我们称之为一个进程。对于这种能同时执行多个线程的程序,称之为多线程程序。

3.1.2 为什么需要多线程

在正常情况下,若要让 Python 程序来完成多个任务(或调用多个方法),使用单个线程来完成多个任务往往比使用多个线程所用的时间更短,因为 Python 解释器在调度每个线程时都需要花费一定的时间。那么,为什么还需要多线程呢?

其实,使用多线程类似于同时执行多个不同程序,多线程运行主要有如下优点:

1. 提高应用程序的响应

这个优点显然对图形界面程序会更加有意义些。比如,当一个操作耗费时间很长时,整个系统都会等待这个操作执行完毕,而此时程序不能响应键盘、鼠标、菜单等操作;而使用多线程技术,将耗时长的操作(如:用户单击了一个按钮去触发某些事件的处理,可以弹出一个进度条来显示处理的进度)放置到一个新线程中执行,而界面仍能响应用户的操作,这样就可以大大增强用户体验。或者在一些需要等待的任务实现时,如:用户输入、文件读写和网络收发数据等,线程就可以发挥作用,在这种情况下可以释放一些珍贵的资源如内存占用等。

2. 提高计算机系统 CPU 的利用率

多线程可以充分利用现代计算机的单核或多核运算速度快的特性,如:在一个程序中同时开启 n 个线程来完成任务,从而大大提升计算机系统 CPU 的利用率。

3. 改善程序的结构

对于一个既长又复杂的进程,可以考虑分为多个线程,并成为几个独立或半独立的运行部分,这样的程序会有利于理解和修改。比如,线程可以被抢占或中断,而在其他线程正在运行时,线程可以暂时搁置或休眠,这其实就是线程的退让。

下面通过两个案例来观察一下单线程程序与多线程程序的显示效果。

案例 1:通过单线程程序来查看运行效果。示例代码如下:

```python
import time
def talk_about_love():
    print("XXX,我喜欢你!")
    time.sleep(1)
if __name__ == "__main__":
    start = time.time()
    #执行5遍
    i = 0
    while i < 5:
        talk_about_love()
        i += 1
    end = time.time()
    print("单线程程序运行时间为:%.2f 秒" % (end - start))
```

运行结果:

```
XXX,我喜欢你!
XXX,我喜欢你!
XXX,我喜欢你!
```

XXX,我喜欢你!

XXX,我喜欢你!

单线程程序运行时间为:5.00 秒

案例 2:通过多线程程序来查看运行效果。示例代码如下:

```python
import time, threading
def talk_about_love():
    print("XXX,我喜欢你!")
    time.sleep(1)
if __name__ == "__main__":
    start = time.time()
    #执行5遍
    i = 0
    while i < 5:
        thead = threading.Thread(target = talk_about_love)
        thead.start()
        i += 1
    end = time.time()
    print("多线程程序运行时间为:%.2f 秒" % (end - start))
```

运行结果:

XXX,我喜欢你!

XXX,我喜欢你!

XXX,我喜欢你!

XXX,我喜欢你!

XXX,我喜欢你!

多线程程序运行时间为:0.01 秒

对比上述两个案例的运行结果,可以很明显地看出使用多线程的操作,花费时间比使用单线程要短很多。

3.1.3 进程与线程的区别

在充分理解与使用线程前,很有必要先来区分一下什么是进程和什么是线程,对于进程和线程的概念,下面简要分析一下。

1. 进程(Process)

进程是指每个独立程序在计算机上的一次执行活动。例如,运行中的 PyCharm程序、运行中的 QQ 程序、运行中的暴风影音播放器等,即运行一个程序,就等价于启动了一个进程。

显然,程序是静态的,而进程是动态的。

2. 线程(Thread)

对于进程,还可以进一步细化为线程。线程就是一个程序内部的一条执行路径。若一个程序可以在同一个时间内执行多个线程,那么,我们就说这个程序是支持多线程的。

3. 区 别

在操作系统中,能同时运行多个任务(程序)叫多进程。在同一个应用程序中拥有多条执行路径来并发执行就叫做多线程。对于进程,需要了解:

① 每个进程都有独立的代码和数据空间(进程上下文),进程间的切换开销比较大;

② 同一个进程内的多个线程共享相同的代码和数据空间,每个线程都有独立的运行栈和程序计数器,线程间的切换开销比较小。

通常,在以下情况中可能需要使用到多线程:

① 程序需要同时执行两个或多个任务;

② 程序需要实现一些需要等待的任务时,如:用户输入、文件读写操作、网络操作、搜索等;

③ 需要一些后台运行的程序。

下面通过一个使用饲料喂金鱼的案例图解来简要说明,如图 3.1 所示。

图 3.1 饲料喂金鱼案例图

3.2 线程的创建与启动

3.2.1 threading 模块简介

由于线程是操作系统上可以直接支持的执行单元,因此,高级语言通常都内置了多线程的支持,Python 也不例外。在 Python 中,对于线程的使用,标准库提供了两个模块:thread 和 threading。其中,thread 是低级模块;threading 是高级模块,且对

thread 进行了封装,可以更加方便地被使用。因此,绝大多数情况下,我们只需要使用 threading 这个模块。

threading 模块用于提供线程相关的操作,线程是应用程序中工作的最小单元,threading 模块共提供有以下这些类:Thread,Lock,Rlock,Condition,〔Bounded〕Semaphore,Event,Timer,local。

threading 模块中的一些常用方法如表 3.1 所列。

表 3.1　threading 模块中的一些常用方法

函数原型	函数说明
currentThread()	返回当前的线程变量
enumerate()	返回一个包含正在运行的线程的 list。正在运行指线程启动后、结束前,不包括启动前和终止后的线程
activeCount()	返回正在运行的线程数量,与 len(threading. enumerate())有相同的结果
TIMEOUT_MAX	常量属性,用于设置 threading 全局超时时间

3.2.2　Thread 类

1. 基本简介

threading 模块下的 Thread 类为创建线程的类,若要创建进程对象,则需要使用 threading 模块下的 Thread 类,使用前,需要先使用如下方式导包:

```
# 导入 threading 模块下的 Thread 类
from threading import Thread
```

(1) Thread 类构造器

Thread 类构造器如表 3.2 所列。

表 3.2　Thread 类构造器

构造器原型	参数说明
Thread(group=None, target=None, name=None, args=(), kwargs={})	进程对象为该类实例化得到的对象,表示一个子进程中的任务,注意该构造器仅用于创建对象,而并未启动进程。 参数 group 表示线程组,目前还没有实现,库引用中提示是 None; 参数 target 表示要执行的方法名,即子线程要执行的任务; 参数 name 为子线程的名称; 参数 args 表示调用对象的位置参数元组,如 args=(1,2,'egon',); 参数 kwargs 表示调用对象的字典,kwargs={'name':'egon','age':18}

此外,还需特别注意的是:

① 上述构造器中的参数需要使用键值对(key＝value)的形式来指定参数;

② args 指定的为传给 target 函数的位置参数,是一个元组形式,必须有逗号。

(2) 常用方法

Thread 类的一些常用方法如表 3.3 所列。

表 3.3　Thread 类的一些常用方法

函数原型	函数说明
start()	启动线程
run()	线程启动时运行的方法,正是它去调用 target 指定的函数,自定义类的类中一定要实现该方法
isAlive()	返回线程是否在运行状态。正在运行指启动后、终止前
get/setName(name)	获取/设置线程名
is/setDaemon(bool)	获取/设置后台线程(默认前台线程(False),在 start()之前设置)。 若是后台线程,主线程执行过程中,后台线程也在进行,主线程执行完毕后,后台线程不论成功与否,主线程和后台线程均停止; 若是前台线程,主线程执行过程中,前台线程也在进行,主线程执行完毕后,等待前台线程也执行完成后,程序停止
join([timeout])	阻塞当前上下文环境的线程,直到调用此方法的线程终止或到达指定的 timeout(可选参数)

创建与开启线程的方式有两种,分别是:定义函数,并将 target 设置为函数名;继承 Thread 类,并实现 run()方法。

2. 创建与开启线程方式 1:定义函数,并将 target 设置为函数名

下面使用"方式 1:定义函数,并将 target 设置为函数名"及"边跳舞边唱歌"来创建与开启线程,示例代码如下:

```python
# 导入 threading 模块下的 Thread 类
from threading import Thread
import time
def dance():
    for temp in range(3):
        print("正在跳舞 ing...d" % temp)
        time.sleep(1)
def sing():
    for temp in range(3):
        print("唱歌 ing,真好听...d" % temp)
        time.sleep(1)
if __name__ == "__main__":
```

```
#创建线程对象
thread1 = Thread(target = dance)
thread2 = Thread(target = sing)
#启动线程
thread1.start()
thread2.start()
#主线程中
for ele in range(3):
    print("--main--%d" % ele)
    time.sleep(1)
```

运行结果：

```
正在跳舞 ing...0
唱歌 ing,真好听...0
--main--0
正在跳舞 ing...1
--main--1
唱歌 ing,真好听...1
唱歌 ing,真好听...2
正在跳舞 ing...2
--main--2
```

多次运行程序并观察运行结果，会发现：输出结果是不一样的，即主线程与子线程在互抢内存资源。

3. 创建与开启线程方式 2：继承 Thread 类，并实现 run( )方法

下面使用"方式 2：继承 Thread 类，并实现 run()方法"及"边跳舞边唱歌"来创建与开启线程，示例代码如下：

```
from threading import Thread
import time
#跳舞线程
class DanceThread(Thread):
    def run(self):
        for temp in range(3):
            print("正在跳舞 ing...d" % temp)
            time.sleep(1)
#唱歌线程
class SingThread(Thread):
    for temp in range(3):
        print("唱歌 ing,真好听...d" % temp)
```

```
            time.sleep(1)
    if __name__ == "__main__":
        # 创建线程
        dance_thread = DanceThread()
        sing_thread = SingThread()
        # 启动
        dance_thread.start()
        sing_thread.start()
        # 主线程
        for ele in range(3):
            print("--main--%d" % ele)
            time.sleep(1)
```

运行结果：

```
唱歌 ing,真好听...0
唱歌 ing,真好听...1
唱歌 ing,真好听...2
正在跳舞 ing...0
--main--0
--main--1
正在跳舞 ing...1
--main--2
正在跳舞 ing...2
```

多次运行程序并观察运行结果，会发现：输出结果是不一样的，即主线程与子线程在互抢内存资源。

4. 名称、数量、守护线程

下面通过"边听音乐边看书"的两个案例来了解 getName()、enumerate()或 activeCount()与 is/setDaemon(bool)的使用方法。

案例 1：通过 getName()、enumerate()或 activeCount()来查看当前线程的名称、数量。示例代码如下：

```
from threading import Thread
import time, threading
# 听音乐
class ListenThread(Thread):
    def run(self):
        for temp in range(4):
            print("%s 正在听音乐呢!!!" % self.name)
            time.sleep(1)
```

```
#看书
class LookThread(Thread):
    def run(self):
        for temp in range(4):
            print("%s 正在看书 ing..." % self.name)
            time.sleep(1)
listen_thread = ListenThread()
print("听音乐的线程名字为:%s" % listen_thread.getName())
look_thread = LookThread()
print("看书的线程名字为:%s" % look_thread.getName())
#启动
listen_thread.start()
look_thread.start()
#长度(线程个数)
# length = len(threading.enumerate())
length = threading.activeCount()
print("当前运行线程数:%d" % length)
```

运行结果:

```
听音乐的线程名字为:Thread-1
看书的线程名字为:Thread-2
Thread-1 正在听音乐呢!!!
Thread-2 正在看书 ing...
当前运行线程数:3
Thread-2 正在看书 ing...
Thread-1 正在听音乐呢!!!
Thread-2 正在看书 ing...
Thread-1 正在听音乐呢!!!
Thread-1 正在听音乐呢!!!
Thread-2 正在看书 ing...
```

案例 2: 通过 is/setDaemon(bool)来查看当前线程是否为守护线程。示例代码如下:

```
from threading import Thread
import threading,time
def work():
    time.sleep(1)
    i = 0
    while i < 5:
        print("子线程运行数 --> %d" % i)
        i += 1
```

```
        time.sleep(1)
thread = Thread(target = work)
#设置为守护线程
thread.setDaemon(True)
thread.start()
print("主线程名称为:% s" % threading.currentThread())
```

运行结果:

```
主线程名称为:< _MainThread(MainThread, started 11972) >
```

从运行结果可以看出,使用 setDaemon(True)将线程设置为后台线程后,则不会显示出任何子线程的输出内容。此外,需要注意以下两点:

① setDaemon()需要在 start()方法调用之前使用;

② 线程划分为用户线程和守护线程(或后台线程),setDaemon()将线程设置为守护线程后,则该线程在后台默默运行且服务于用户线程。

3.3　线程的生命周期

3.3.1　线程的状态

人类的生命周期指的是出生、儿童、少年、青年、成年、老年、死亡等的一整个过程,其实在很多编程语言里,对于有些知识点,也喜欢使用生命周期这种贴近人类思维的方式来描述,Python 也不例外。

所谓线程的生命周期,其实就是指线程对象的新建、就绪、运行、等待(阻塞)、销毁的状态,如图 3.2 所示。

图 3.2　线程的生命周期

下面对线程的上述状态作简要说明,如表 3.4 所列。

表 3.4　线程状态说明

状　态	状态说明
New	新建状态。新创建的线程经过初始化后,进入 Runnable 状态
Runnable	就绪状态。等待线程调度,调度后进入运行状态
Running	运行状态
Blocked	等待或阻塞状态。暂停运行,解除阻塞后进入 Runnable 状态重新等待调度
Dead	销毁状态。线程方法执行完毕返回或者异常终止

从 Running 状态进入 Blocked 状态可能有 3 种情况,如下:

① 同步:线程中获取同步锁,但是资源已经被其他线程锁定时,进入 Locked 状态,直到该资源可获取(获取的顺序由 Lock 队列控制)。

② 睡眠:线程运行 sleep()或 join()方法后,线程进入 Sleeping 状态。区别在于,sleep()函数可以设定等待固定的时间,而 join()函数是必须等待子线程结束。从语义上来说,如果两个线程 a 和 b,在 a 中调用 b.join(),相当于合并(join)成一个线程,将会使主调线程(即 a)堵塞(暂停运行,不占用 CPU 资源),直到被调用线程运行结束或超时,参数 timeout 是一个数值类型,表示超时时间,如果未提供该参数,那么主调线程将一直堵塞到被调线程结束。最常见的情况是在主线程中 join 所有的子线程。

③ 等待:线程中执行 wait()方法后,线程进入 Waiting 状态,等待其他线程的通知(notify)。wait()方法释放内部所占用的锁,同时线程被挂起,直至接收到通知被唤醒或超时(如果提供了 timeout 参数)。当线程被唤醒并重新占有锁的时候,程序才会继续执行下去。

3.3.2　线程阻塞

调用 time 模块下的 sleep()方法会使当前线程进入阻塞(Locked)状态(注:调用 sleep()方法时需要传入一个秒数作为当前线程阻塞的时间),线程阻塞相应的时间后便会自动唤醒,并重新进入就绪(Runnable)状态。实际应用中,为了调整各个子线程的执行顺序,可以通过线程睡眠的方式来完成。

案例:采用列表存取 6 个学员姓名["赵亮","张三","王四","宋雪儿","吕小布","黄忠"],在屏幕每隔一秒,依次输出 5、4、3、2、1,然后随机输出被抽中的学员姓名,并使用定义函数的方式创建子线程,示例代码如下:

```
from threading import Thread
import time, random
def choose():
    #学员姓名列表
    names = ["赵亮", "张三", "王四", "宋雪儿", "吕小布", "黄忠"]
```

```
        index = random.randint(0, len(names))
        i = 5
        while i > 0:
            print(i)
            #阻塞一下
            time.sleep(1)
            i -= 1
        print("被随机抽中的学员姓名为:%s" % names[index])
thread = Thread(target = choose)
thread.start()
```

运行结果：

```
5
4
3
2
1
被随机抽中的学员姓名为:王四
```

3.3.3   线程加入

使用线程的 join()方法能加入该线程并优先执行该线程中的任务,但需要特别注意的是,使用 join()方法前必须先使用 start()启动该线程。接下来就以一个案例来进行简要分析,示例代码如下：

```
from threading import Thread
import threading
#子线程
class MyThread(Thread):
    def run(self):
        for temp in range(5):
            print("%s 正在输出 --> %d" % (self.name, temp))
my_thread = MyThread()
my_thread.start()
#在启动子线程后,并快速加入子线程
my_thread.join()
#主线程
for element in range(5):
    print("%s 输出了 --> %d" % (threading.currentThread(), element))
```

运行结果：

```
Thread-1 正在输出--> 0
Thread-1 正在输出--> 1
Thread-1 正在输出--> 2
Thread-1 正在输出--> 3
Thread-1 正在输出--> 4
<_MainThread(MainThread, started 2980)>输出了--> 0
<_MainThread(MainThread, started 2980)>输出了--> 1
<_MainThread(MainThread, started 2980)>输出了--> 2
<_MainThread(MainThread, started 2980)>输出了--> 3
<_MainThread(MainThread, started 2980)>输出了--> 4
```

从运行结果可以看出，子线程并未与主线程互抢内存资源，因为子线程在调用 join()方法后，就已经阻塞当前主线程，直到调用此方法的子线程终止或到达指定的 timeout 值，主线程中的任务才会执行，这就是 join()方法会优先执行的效果。

3.4　共享成员变量例程

当多个线程之间共享同一个成员变量时，需要按照成员变量的不可变类型和可变类型来详细了解共享时成员变量的变化。

3.4.1　成员变量为不可变类型

当成员变量的数据类型为不可变类型，如字符串、数字等，多个线程共享该变量时，若要修改该成员变量，则需要使用 global 先声明。下面通过一个案例来分析，示例代码如下：

```python
from threading import Thread
import time
#成员变量
number = 1
#子线程1的任务
def work1():
    #声明
    global number
    for temp in range(1000000):
        number += 1
    print("子线程 1 中的 number = %d" % number)
#子线程2的任务
def work2():
```

```
# 声明
global number
for temp in range(1000000):
    number += 1
print("子线程 2 中 --> number = %d" % number)


thread1 = Thread(target = work1)
thread1.start()
# 延时一会儿,保证 thread1 线程中的事情做完,若不延时则会出现数据问题
time.sleep(5)
thread2 = Thread(target = work2)
thread2.start()
```

运行结果:

```
子线程 1 中的 number = 1000001
子线程 2 中 --> number = 2000001
```

3.4.2 成员变量为可变类型

当成员变量的数据类型为可变类型,如列表 list、元组 tuple 等,多个线程共享该变量时,可以参数的形式进行传递。下面通过一个案例来分析,示例代码如下:

```
from threading import Thread
import time
def work1(num):
    num.append(44)
    print(" ----子线程 1 的 work1 任务 --- %s" % num)
def work2(num):
    # 延时一会,保证 t1 线程中的事情做完
    time.sleep(1)
    print(" ----子线程 2 的 work2 任务 --- %s" % num)
g_nums = [11, 22, 33]
t1 = Thread(target = work1, args = (g_nums,))
t1.start()
t2 = Thread(target = work2, args = (g_nums,))
t2.start()
```

运行结果:

```
----子线程 1 的 work1 任务 -- -[11, 22, 33, 44]
 ----子线程 2 的 work2 任务 -- -[11, 22, 33, 44]
```

对于上述两个案例,从运行结果可以看出,多个线程对共享成员变量修改变量值可能造成该成员变量数值产生混乱,即线程不安全,此时就需要涉及到线程同步的相关知识点了。

3.5　线程同步例程

运行多线程的应用程序时,两个或多个线程需要共享对同一个数据的访问,即同时访问同一个成员变量值。若每个线程都会调用一个修改相同数据状态的方法,那么这些线程将会互相影响对方的运行。为了避免多个线程同时访问一个共享数据块,需要对访问进行同步处理。

3.5.1　引入问题

下面通过一个案例来引出上述描述的问题所在。中国铁道部发布了一个售票任务,要求销售 1 000 张火车票,并且同时有 10 个窗口来进行售票,请编写多线程程序来模拟这个售票效果(要求:使用定义函数,并将 target 设置为函数名的方式处理)。示例代码如下:

```python
from threading import Thread
import time
# 火车票
tickets = 1000
# 售票任务
def sale(number):
    global tickets
    while tickets > 0:
        print("窗口 00 % d 正在出售第 % d 张火车票!" % (number, tickets))
        # 阻塞 0.05s,为了增大出错概率
        time.sleep(0.05)
        tickets -= 1
# 10 个窗口
for index in range(1, 11):
    thread = Thread(target = sale, args = (index,))
    thread.start()
```

运行结果:

```
窗口 001 正在出售第 1000 张火车票!
窗口 002 正在出售第 1000 张火车票!
窗口 003 正在出售第 1000 张火车票!
窗口 004 正在出售第 1000 张火车票!
```

```
窗口 005 正在出售第 1000 张火车票!
窗口 006 正在出售第 1000 张火车票!
窗口 007 正在出售第 1000 张火车票!
窗口 008 正在出售第 1000 张火车票!
窗口 009 正在出售第 1000 张火车票!
窗口 0010 正在出售第 1000 张火车票!
窗口 009 正在出售第 999 张火车票!
窗口 0010 正在出售第 998 张火车票!
...
```

从运行结果可以看出,程序运行时出现不同售票窗口会重复售出同一张火车票的现象,这显然是不符合实际的现实需求。问题产生的根本原因在于多个线程同时试图更新火车票数。

为了多个线程同时操作一个内存中的资源时不产生混乱且保证共享数据区域的安全,可以通过 threading 模块下的 Lock 类来加保护伞,以保证数据的安全性。

Lock(指令锁)是可用的同步锁,用于锁定或释放数据资源。通常,Lock 包含锁定和非锁定两种状态。当 Lock 处于锁定状态时,不被特定的线程拥有。

可以认为 Lock 有一个锁定池,当线程请求锁定时,将线程置于池中,直到获得锁定后再退出池。池中的线程处于状态图中的同步阻塞状态。若要获得 Lock 对象,直接创建即可,如下:

```
# 创建一个互斥锁,默认是未上锁
lock = Lock()
```

Lock 类的两个常用方法,如表 3.5 所列。

表 3.5　Lock 类的常用方法

函数原型	函数说明
acquire([timeout])	尝试获得锁定,并使线程进入同步阻塞状态
release()	释放锁,且注意使用该方法前必须保证线程已获得锁定,否则将抛出异常

3.5.2　处理方式 1:Lock 类

下面使用 Lock 类对共享数据进行添加同步锁,针对上述案例,进行改进且完成"不能卖重票,且不能卖负数票"的需求,示例代码如下:

```
from threading import Thread, Lock
import time
# 火车票
tickets = 1000
def sale(number):
```

```
        global tickets
        while tickets > 0:
            #上锁
            is_lock = lock.acquire()
            if is_lock:
                #巧妙应用 break
                if tickets <= 0:
                    break
                print("窗口 00%d 正在出售第 %d 张火车票!" % (number, tickets))
                #阻塞 0.05s,为了增大出错概率
                time.sleep(0.05)
                tickets -= 1
                #释放锁
                lock.release()
#创建一个互斥锁,默认是未上锁
lock = Lock()
# 10 个窗口
for index in range(1, 11):
    thread = Thread(target = sale, args = (index,))
    thread.start()
```

运行结果:

```
窗口 001 正在出售第 1000 张火车票!
窗口 001 正在出售第 999 张火车票!
窗口 003 正在出售第 998 张火车票!
窗口 004 正在出售第 997 张火车票!
窗口 004 正在出售第 996 张火车票!
窗口 004 正在出售第 995 张火车票!
窗口 004 正在出售第 994 张火车票!
窗口 008 正在出售第 993 张火车票!
窗口 009 正在出售第 992 张火车票!
...
窗口 009 正在出售第 3 张火车票!
窗口 005 正在出售第 2 张火车票!
窗口 006 正在出售第 1 张火车票!
```

观察运行结果,发现已满足基本需求,这其中就巧妙地运用了 break 语句的特性:跳出循环。

3.5.3　处理方式 2:使用 Lock 进行同步处理

　　下面使用 Lock 类对共享数据进行同步处理,采用"票未销售完毕,则持续售票直到票销售完毕"的方案,针对上述案例,进行改进且完成"不能卖重票,且不能卖负数票"的需求,切记"上锁后,最终一定要释放锁"的思维,针对性地使用 try – finally处理并释放锁,示例代码如下:

```python
from threading import Thread, Lock
import time
# 火车票
tickets = 1000
# 设置一个标签
flag = True
def sale(number):
    global tickets
    global flag
    while flag:
        try:
            # 同步上锁
            lock.acquire()
            if tickets > 0:
                print("窗口 00 % d 正在出售第 % d 张火车票!" % (number, tickets))
                tickets -= 1
            else:
                print("窗口 00 % d 的火车票已销售完毕,谢谢!" % number)
                flag = False
        finally:
            # 释放锁
            lock.release()
# 创建一个互斥锁,默认是未上锁
lock = Lock()
# 10 个窗口
for index in range(1, 11):
    thread = Thread(target = sale, args = (index,))
    thread.start()
```

运行结果:

```
窗口 001 正在出售第 1000 张火车票!
窗口 001 正在出售第 999 张火车票!
窗口 001 正在出售第 998 张火车票!
```

窗口 001 正在出售第 997 张火车票！

窗口 001 正在出售第 996 张火车票！

...

窗口 003 的火车票已销售完毕,谢谢！

窗口 005 的火车票已销售完毕,谢谢！

窗口 009 的火车票已销售完毕,谢谢！

3.6　扩展知识

本节简单介绍关于线程的两个较为复杂且难懂的扩展知识,即死锁、生产者与消费者模型。

3.6.1　死锁例程

1. 基本简介

Python 语言中的同步特性使用起来很方便,功能也很强大。但如果使用时考虑不周,就有可能出现线程死锁的问题。一般而言,锁上继续加锁并不会让共享的数据内容变得更加安全,反而有可能会产生一个新的问题,即死锁。

下面通过一个哲学家就餐问题的案例进行说明。假设有五位哲学家围坐在一张圆形餐桌旁,他们可以做"吃菜或思考"这两件事中的一件。吃菜时,他们就停止思考;思考时,他们就停止吃菜。餐桌中间有一大碗菜,每两个哲学家之间有一只筷子。因为用一只筷子夹不到菜,所以哲学家必须用两只筷子来夹菜吃。他们只能使用自己左右手旁边的那两只筷子,就餐图如图 3.3 所示。

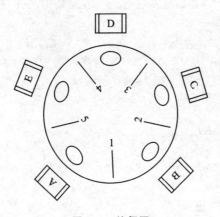

图 3.3　就餐图

若哲学家从来不交谈,此时就很危险了,可能产生死锁。例如,假设每个哲学家都只拿着左手边的筷子,而永远都在等待着右边的筷子(或相反),此时你等着我要的筷子,我等着你要的筷子,就进入了死锁状态。

在 Python 中,尽管死锁很少发生,但通常情况下,一旦发生则会造成程序的响应停止。下面来看一个关于死锁的例子,示例代码如下:

```python
from threading import Thread
import threading
import time
# 线程 1
class MyThread1(Thread):
    def run(self):
        # 获取锁 a
        if lock_a.acquire():
            print(" ------- 我是线程 1 中的锁 a 锁住的资源 1 ------- ")
            time.sleep(1)
            # 获取锁 a
            if lock_b.acquire():
                print(" ------- 我是线程 1 中的锁 b 锁住的资源 2 ------- ")
                # 释放锁 b
                lock_b.release()
            # 释放锁 a
            lock_a.release()

# 线程 2
class MyThread2(Thread):
    def run(self):
        if lock_b.acquire():
            print(" ****** Thread2,Lock B lock Resouces1 ****** ")
            time.sleep(1)
            if lock_a.acquire():
                print(" ****** Thread2,Lock A lock Resouces2 ****** ")
                lock_a.release()
            lock_b.release()

# 锁 a
lock_a = threading.Lock()
# 锁 b
lock_b = threading.Lock()
if __name__ == '__main__':
    thread1 = MyThread1()
    thread2 = MyThread2()
    thread1.start()
    thread2.start()
```

运行结果:

```
-------我是线程1中的锁a锁住的资源1-------
******Thread2,Lock B lock Resouces1 *******
（程序卡住了）
```

观察运行结果,发现此时程序已经卡住了,由此进入了死锁状态。

上述死锁产生的原因就是 MyThread1 锁住了资源 A,并正等待资源 B;MyThread2 锁住了资源 B,并正等待资源 A。这两个线程都在等待着自己需要的资源,而这些资源却被对方线程锁住了,此时,两个线程你等我、我等你,谁也不愿意让出资源,就形成了死锁。

2. 解决方案 1:添加超时时间

下面是 Lock 类的 acquire()方法,如下:

acquire([timeout]):尝试获得锁定,并使线程进入同步阻塞状态,参数 timeout 表示超时时间,若达到时间后则自动消除阻塞状态。

给 MyThread1 线程的锁 a 和锁 b 添加 5 s 的超时时间,且给 MyThread2 线程的锁 a 和锁 b 添加 15 s 的超时时间,示例代码如下:

```python
from threading import Thread
import threading
import time
#线程1
class MyThread1(Thread):
    def run(self):
        if lock_a.acquire(timeout = 5):   #添加超时时间
            print("-------我是线程1中的锁a锁住的资源1-------")
            time.sleep(1)
            if lock_b.acquire(timeout = 5):   #添加超时时间
                print("-------我是线程1中的锁b锁住的资源2-------")
                lock_b.release()
            lock_a.release()

#线程2
class MyThread2(Thread):
    def run(self):
        if lock_b.acquire(timeout = 15):   #添加超时时间
            print("******Thread2,Lock B lock Resouces1 ******")
            time.sleep(1)
            if lock_a.acquire(timeout = 15):   #添加超时时间
                print("******Thread2,Lock A lock Resouces2 ******")
                lock_a.release()
            lock_b.release()

#锁a
```

```
lock_a = threading.Lock()
#锁b
lock_b = threading.Lock()
if __name__ == '__main__':
    thread1 = MyThread1()
    thread2 = MyThread2()
    thread1.start()
    thread2.start()
```

运行结果：

```
------- 我是线程1中的锁a锁住的资源1 -------
****** Thread2,Lock B lock Resouces1 ******
****** Thread2,Lock A lock Resouces2 ******
```

观察运行结果，发现到达超时时间后，会自动消除阻塞状态并重新进入就绪状态，然后解除死锁。

3. 解决方案 2:银行家算法

一个银行家如何将一定数目的资金安全地借给若干个客户，使这些客户既能借到钱完成要干的事，同时银行家又能收回全部资金而不至于破产，这就是银行家算法。这个算法同操作系统中内存资源分配的算法非常类似，银行家就像一个操作系统，客户就像运行的进程，银行家的资金就是系统的内存资源。

银行家算法的相关问题描述如下：

一个银行家拥有一定数量的资金，有若干个客户要贷款。每个客户必须在一开始就声明他所需贷款的金额。若该客户贷款总额不超过银行家的资金总数，银行家可以接收客户的要求。客户贷款是以每次一个资金单位(如 10 万 RMB 等)的方式进行，客户在借满所需的全部单位款额之前可能会等待，但银行家须保证这种等待是有限的，且是可完成的。

例如，有三个客户要向银行家借款，分别是 C1、C2、C3，该银行家的资金总额为 10 个资金单位，其中客户 C1 要借 9 个资金单位，客户 C2 要借 3 个资金单位，客户 C3 要借 8 个资金单位，总计 20 个资金单位。某一时刻的状态如图 3.4 所示。

状态 1，按照安全序列的要求，客户所需的贷款应小于或等于银行家当前所剩余的钱款(即 2 个资金单位)，可以看出，只有客户 C2 能被满足：客户 C2 还需要 1 个资金单位，而银行家手中拥有 2 个资金单位，于是银行家把 1 个资金单位借给客户 C2，使之完成贷款任务并归还所借的 3 个资金单位的钱；状态 2，银行家把 4 个资金单位借给客户 C3，使其完成贷款任务；状态 3，只剩一个客户 C1，它还需要 7 个资金单位，这时银行家拥有 8 个资金单位，所以客户 C1 也能顺利借到贷款并完成任务；状态 4，银行家收回全部的 10 个资金单位，并能保证不赔本。客户序列{C1,C2,C3}就是个

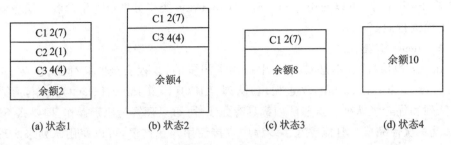

(a) 状态1	(b) 状态2	(c) 状态3	(d) 状态4

图 3.4　资金状态

安全序列,按照这个序列进行贷款,银行家才是安全的。否则,在状态 2 时,若银行家把手中拥有的 4 个资金单位借给了客户 C1,则会出现不安全状态:客户 C1、C3 均不能完成工作,而银行家手中又没钱了,此时系统陷入僵持局面,银行家也不能收回投资。

综上所述,银行家算法是从当前状态出发,逐个按安全序列检查哪个客户能完成其贷款任务,然后假设其完成任务且归还全部贷款,再进而检查下一个能完成贷款任务的客户……如果所有客户都能完成工作,则能找到一个安全序列,此时,银行家才是安全的。

3.6.2　生产者与消费者模型

在日常生活中,每当我们缺少某些生活用品时,都会去生活超市中进行购买,那么,此时你是以什么身份去的超市呢?相信大部分人都会说自己是消费者,确实如此,那么既然我们是消费者,又是谁替我们生产各种各样的商品呢?当然是超市的各大供货商,供货商自然而然地也就成了我们的生产者。如此一来,生产者有了,消费者也有了,那么将二者联系起来的超市又该如何理解呢?诚然,它本身是作为一座交易场所而诞生。

将上述场景类比到实际的软件开发过程中,经常会见到这样一幕:代码的某个模块负责生产数据(即供货商),而生产出来的数据却不得不交给另一模块(即消费者)来对其进行处理,在这之间通常还需要有一个类似上述超市的场所来存储数据(即缓冲区),这其实就是生产者与消费者模型。

其中,生产数据的模块,就形象地称为生产者;而处理数据的模块,就称为消费者;生产者和消费者之间的中介场所就叫做缓冲区。三者之间形成的简易图如图 3.5所示。

图 3.5　缓冲区

在 Python 中,可以使用 queue 模块、Condition 类来分别建立生产者与消费者模型,下面进行简要介绍。

1. queue 模块

queue 模块(注意不是 Queue)中提供了同步的、线程安全的队列类,包括 FIFO (First Input First Output,先进先出)队列、LIFO(Last Input First Output,后进先出)队列和优先级队列。这些队列都具有原子性(可以理解为原子操作,即要么不做,要么就一次性完成),且能够在多线程中直接使用。在这里,可以使用队列来实现线程间的同步,例如,使用 FIFO 队列来实现上述的生产者与消费者模型,代码如下:

```python
from threading import Thread
import queue
import time
import random
#生产者
class Producer(Thread):
    def run(self):
        while True:
            number = random.randint(0, 10)
            message.put(number)
            print("Producer 生产了随机数 --> %s" % number)
            time.sleep(1)
#消费者
class Consumer(Thread):
    def run(self):
        while True:
            receive_msg = message.get()
            print("Consumer 正在消费:%s" % receive_msg)

message = queue.Queue()
if __name__ == '__main__':
    producer = Producer()
    producer.start()
    consumer = Consumer()
    consumer.start()
```

运行结果:

```
Producer 生产了随机数 --> 8
Consumer 正在消费:8
Producer 生产了随机数 --> 10
Consumer 正在消费:10
...
```

观察运行结果，发现生产者 Producer 先生产出随机数，而消费者 Consumer 随后就消费了该随机数，这是非常简单易懂的一个生产者与消费者模型。

2. Condition 类

对于生产者与消费者模型而言，最常见的问题就是生产者生产出的数据过多而消费者还来不及消费的情况，这类情况在实际生活中非常常见。例如，某品牌手机发布后，生产厂家会生产大量手机并存放于线下店铺内，最初消费者不够多，不足以购买完那么多手机，此时店家就会让生产厂家先停止生产，等顾客购买完毕后再进行生产；过了一段时间，该手机特别热门，消费者一拥而簇将店铺内的手机全部购买完毕，此时店家就会让消费者先别购买，等生产厂家生产后再来购买……

对于上述场景，仅仅通过 queue 模块的这种简单的生产者与消费者模型已满足不了需求，这时候就可以考虑使用 threading 模块下的 Condition 类了，需要注意的是，要使用该类则需要导入 threading 模块，如下：

```
#导入 threading 模块
import threading
```

Condition 类通常与一个 Lock 锁关联，当需要在多个 Contidion 对象中共享一个锁时，可以传递一个 Lock/RLock 实例对象给构造方法；若不传递，则将默认生成一个 RLock 实例对象。Condition 类的构造方法如下：

Condition([lock/rlock])：用于创建一个 Condition 实例对象，若不传递参数，则会默认生成一个 RLock 参数。

对于 Condition 类，可以认定除 Lock 类带有的锁定池功能外，Condition 还包含有一个等待池，且该池中的线程都处于等待阻塞状态，并直到另一个线程调用了 notify()/notifyAll() 进行唤醒线程，被唤醒后的线程进入锁定池等待锁定，并处于就绪状态。Condition 类中的常用方法如表 3.6 所列。

表 3.6　Condition 类中的常用方法

函数原型	函数说明
acquire([timeout])	获取同步锁，返回值为 True 时表示获取成功
release()	释放同步锁
wait([timeout])	调用此方法将使线程进入 Condition 等待池等待唤醒，并释放锁。注意：使用前线程必须已获得锁定，否则将抛出异常
notify()	调用此方法将从等待池挑选一个线程并唤醒，被唤醒的线程将自动调用 acquire() 尝试获得锁定(进入锁定池)；其他线程仍然在等待池中。调用此方法不会释放同步锁。注意，使用前线程必须已获得锁定，否则将抛出异常
notifyAll()	调用此方法将唤醒等待池中所有的线程，这些线程都将进入锁定池并尝试获得锁定。调用此方法不会释放同步锁。注意，使用前线程必须已获得锁定，否则将抛出异常

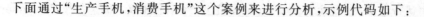

下面通过"生产手机,消费手机"这个案例来进行分析,示例代码如下:

```python
from threading import Thread
import time
import threading
#商品－手机
phone = None
condition = threading.Condition()
#生产
def produce():
    global phone
    if condition.acquire():
        while True:
            if phone is None:
                print("生产者正在生产产品!")
                phone = "iPhone X"
                #通知消费者商品已生产完毕,可以来消费了
                condition.notify()
            #等待消费者消费完毕的通知
            condition.wait()
            time.sleep(2)

#消费
def consume():
    global phone
    if condition.acquire():
        while True:
            if phone is not None:
                print("消费者正在购买商品 --> %s" % phone)
                #消费完毕,将商品设置为 None
                phone = None
                #通知生产者商品已消费完毕,可以继续生产了
                condition.notify()
            #等待生产者生产完毕的通知
            condition.wait()
            time.sleep(2)


if __name__ == '__main__':
    producer = Thread(target = produce)
    producer.start()
    consumer = Thread(target = consume)
    consumer.start()
```

运行结果：

```
生产者正在生产产品！
消费者正在购买商品 --> iPhone X
生产者正在生产产品！
消费者正在购买商品 --> iPhone X
...
```

观察运行结果，发现使用 Condition 类来完成的生产者与消费者模型很符合实际场景，即生产者生产商品后，通知消费者来消费商品，消费完毕后，再通知生产者去生产……

3.6.3　local 类

1. 引入问题

在多线程环境下，每个线程都有属于自己的数据。一个线程使用自己的局部变量通常要比使用成员变量好，因为局部变量只有本线程能够使用，不会影响到其他线程，而成员变量的使用或修改必须加锁进行同步处理。

但是，使用局部变量也有相应的问题出现，那就是在函数调用时，传递起来非常不方便，代码如下：

```
# 使用 user 对象
def show_use():
    user = User(name)
    # user 是局部变量，但是每个函数都要用它，因此必须传递进入
    do_task1(user)
    do_task2(user)
# 做任务 1
def do_task1(user):
    do_task2(user)
# 做任务 2
def do_task2(user):
    do_task3(user)
...
```

对于上述的处理方式，即每个函数都需要一层一层调用并传递参数值，会发现特别不方便。

当然，也可以使用一个字典作为成员变量来处理，如：使用一个字典存放所有的 user 对象，然后以线程名称作为 key 键及 user 作为 value 值，代码如下：

```
import threading
dicts = {}
```

```
def std_thread(name):
    user = User(name)
    #把 user 放到成员变量 dicts 中
    dicts[threading.current_thread().name] = user
    do_task1()
    do_task2()
#做任务 1
def do_task1():
    user = dicts[threading.current_thread().name]
    do_task2(user)
#做任务 2
def do_task2():
    user = dicts[threading.current_thread().name]
    do_task3(user)
...
```

从上述处理方式中看,这样做也特别麻烦,有更简单的方式吗? 此时就可以考虑使用 local 类了。

2. 基本使用

local 类是 threading 模块下的一个以小写字母开头的类,用于管理 thread - local (线程局部的)数据。对于同一个 local 类,线程无法访问其他线程设置的属性值,且线程设置的属性值不会被其他线程设置的同名属性替换。

可以把 local 类看成是一个"线程-属性字典"的字典 dict,local 类封装了从自身使用线程作为 key 来检索对应的属性字典、再使用属性名作为 key 检索属性值的细节。

下面通过一个案例来简要分析,示例代码如下:

```
import threading
local = threading.local()
local.tname = "中国·深圳"
def func():
    #局部变量
    local.tname = "深圳经济特区"
    print(local.tname)
t1 = threading.Thread(target = func)
t1.start()
t1.join()
#访问成员变量
print(local.tname)
```

运行结果：

> 深圳经济特区
> 中国·深圳

　　上述代码中，成员变量 local 就是一个 thread – local 对象，每个线程对它都可以读写 tname 属性值，且互不影响。可以把 local 看成成员变量，但每个属性值如 local. tname 都是线程的局部变量，可以任意读写而互不干扰，也不用管理锁的问题，因为 thread – local 内部会自行处理。

　　也可以理解成员变量 local 是一个字典 dict，不但可以用 local. tname，还可以绑定其他的属性变量值，如 local. tsex 等等。值得注意的是，thread – local 最常用的地方就是为每个线程绑定一个数据库连接、HTTP 请求、用户身份信息等，这样一个线程所有调用到的处理函数都可以非常方便地访问这些资源。

第 **4** 章

开启 MicroPython for ESP32 之旅

4.1 准备工作

4.1.1 硬件平台

本书采用 NodeMCU – 32S 作为实验平台来进行实验,其实物如图 4.1 所示。

NodeMCU-32S

图 4.1 NodeMCU – 32S 实物图

NodeMCU – 32S 是安信可公司基于 ESP32 – 32S 模组所设计的核心开发板。该开发板延续了 NodeMCU 1.0 经典设计,引出大部分 I/O 至两侧的排针,开发者可以根据自己的需求连接外设。使用面包板进行开发和调试时,两侧的标准排针可以使操作更加简单方便,引脚说明如图 4.2 所示。

这款开发板自带了一颗蓝色的 LED,很方便用户做一些简单的例程展示。

使用 Micro USB 数据线连接 PC 与 NodeMCU 核心开发板,并从 Windows 设备管理器中确认芯片的 COM 口。

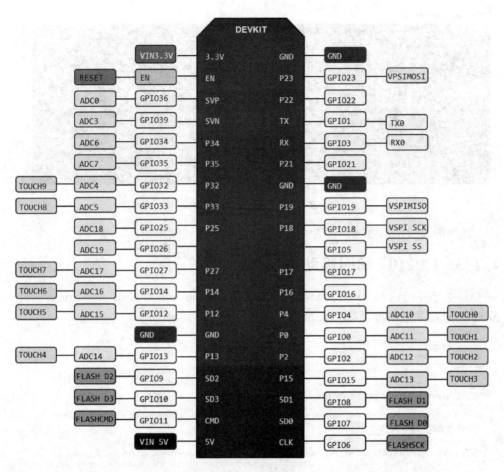

图 4.2　引脚说明

4.1.2　Windows PwoerShell 安装

在 Windows 中,cmd 和 PowerShell 都是命令行执行窗口,PowerShell 从 Windows7 时代开始内置于 Windows 系统当中,可以看作是微软对 cmd 的大升级,目前两者并存于 Windows 系统中。

Windows PowerShell 是一种命令行外壳程序和脚本环境,使命令行用户和脚本编写者可以利用.NET Framework 的强大功能。它引入了许多非常有用的新概念,从而进一步扩展了使用者在 Windows 命令提示符和 Windows Script Host 环境中获得的知识和创建的脚本。PowerShell 窗口如图 4.3 所示。

请自行安装,安装完成后按下 Win＋R 组合键,打开运行命令键,输入 PowerShell 后回车,即可打开。

图 4.3　PowerShell 窗口

详细深入的使用方法请读者自行研究,这里不作详细说明。

4.1.3　CP210x 串口驱动安装

① 打开网页:https://www.silabs.com/developers/usb-to-uart-bridge-vcp-drivers,直接下载即可,如图 4.4 所示。

图 4.4　下载界面

② 下载后得到驱动程序,根据个人的操作系统选择解压后,安装对应的驱动程序,如图 4.5 所示。

CP210xVCPInstaller_x86.exe	2021/1/9 1:47	应用程序	903 KB
CP210xVCPInstaller_x64.exe	2021/1/9 1:47	应用程序	1,026 KB

图 4.5　需要安装的驱动程序

③ 软件安装成功标志:把 NodeMCU-32S 和计算机连接后,打开"设备管理器"窗口查看"端口"选项,在展开条目中查看是否有"CP210x…",如图 4.6 所示。

图 4.6　设备端口号

4.1.4 ESP32 固件下载

打开网页链接：http://www.micropython.org/download/，进入如图 4.7 所示固件下载网页。

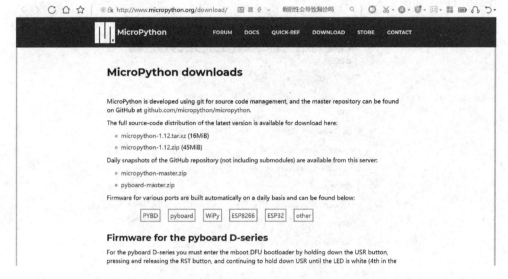

图 4.7 固件下载网页

单击 ESP32 选项，进入如图 4.8 所示界面。

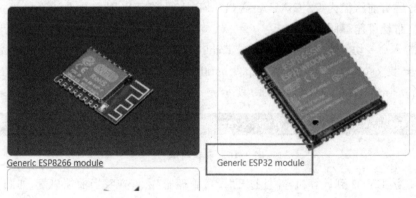

图 4.8 ESP32 固件

选择 Generic ESP32 module，单击下载，建议把固件保存在 Windows Power-Shell 安装目录下，方便后面使用 PowerShell 烧录固件。

4.2 ESP32 固件烧录

① 打开 Windows PowerShell。在搜索栏直接输入 Windows PowerShell 即可找到并打开,如图 4.9 所示。

图 4.9 打开 Windows PwowerShell

打开后当前路径为 PS C:\Users\ThinkPad(此路径以用户个人计算机为主,不同计算机路径可能不同)。

② 输入命令切入路径 PS C:\Users\ThinkPad win10board,命令:cd .\win10board\。

③ 安装 esptool,输入命令:pip3 install --index-url https://mirrors. aliyun. com/pypi/simple esptool,如图 4.10 所示。

```
pip3 install --index-url https://mirrors.aliyun.com/pypi/simple esptool
```

图 4.10 安装固件

④ 连接 ESP32 到计算机,并且打开"设备管理器"窗口查看当前端口号,如图 4.11 所示。当前端口号为 COM11,记录下来。

⑤ 使用 esptool 清空 ESP32 的 FlashROM。清空内存指令:esptool. py --chip esp32 --port /dev/tty. SLAB_USBtoUART erase_flash。由于当前端口号为 COM11,所以把指令中的/dev/tty. SLAB_USBtoUART 替换成 COM11。因此输入指令为:esptool. py --chip esp32 --port COM11 erase_flash,如图 4.12 所示。此外,

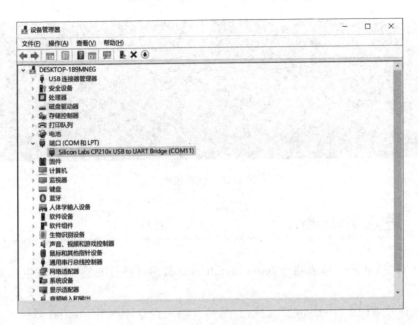

图 4.11   查看端口号

指令 esptool. py. exe --port COM11 erase_flash 也可以实现清空。

```
PS C:\Users\ThinkPad\win10board> esptool.py --chip esp32 --port COM11 erase_flash
esptool.py v2.8
Serial port COM11
Connecting......
Chip is ESP32D0WDQ5 (revision 1)
Features: WiFi, BT, Dual Core, 240MHz, VRef calibration in efuse, Coding Scheme None
Crystal is 40MHz
MAC: 84:0d:8e:c3:78:20
Uploading stub...
Running stub...
Stub running...
Erasing flash (this may take a while)...
Chip erase completed successfully in 9.6s
Hard resetting via RTS pin...
PS C:\Users\ThinkPad\win10board>
```

图 4.12   清空 ESP32 的 FlashROM

⑥ 烧写 ESP32 固件。前文已经下载了名为"esp32-idf3-20200210-v1. 12-154-gce40abcf2. bin"的 ESP32 固件到路径 C:\Users\ThinkPad\win10board 中,现在就要把它刷到 ESP32 中。刷写指令:esptool. py --chip esp32 --port /dev/tty. SLAB_USBtoUART write_flash -z 0x1000 firmware. bin。由于当前端口号为 COM11,所以把/dev/tty. SLAB_USBtoUART 替代成 COM11,再把 firmware. bin 替换成 esp32-idf3-20200210-v1. 12-154-gce40abcf2. bin。如果要想刷写速度快一点,可以加上参数" --baud 921600",也可以不加。因此输入指令为:esptool. py --chip esp32 --port COM11 --baud 921600 write_flash -z 0x1000 esp32-idf3-20200210-v1. 12-154-gce40abcf2. bin。固件烧写过程如图 4.13 所示。

图 4.13 烧写固件

4.3 进入 Pyboard

① 安装 rshell。输入指令：pip3 install rshell，即可进行安装，等待进度加载完毕即可。

② 连接 REPL(Python 交互式命令行)。输入指令：rshell --buffer-size 512 --editor C:\Windows\System32\notepad.exe -p COM11，如图 4.14 所示。

图 4.14 连接 REPL

现在可以访问 Pyboard(即 ESP32)了，比如用 ls 指令查看 Pyboard 中的文件。

4.4 在 Pyboard 上运行 Python 程序

① 在 C:\Users\ThinkPad\win10board 目录中新建一个名为 main.py 的文件。

第一步：打开记事本进行程序的编写。

第二步：按下 Ctrl + S 组合键进行保存，保存到 C:\Users\ThinkPad\win10board 目录中，并且注意必须把编码格式选择为 UTF-8，如图 4.15 所示。

② 编辑 main.py。打开 main.py 后输入一句简单的 Python 代码 print("www.edu118.com")，然后保存。

③ 将 main.py 复制到 Pyboad 中。在 Windows PowerShell 中输入命令 cp ./main.py /Pyboard/，如图 4.16 所示。

④ 进入 Pyboard。输入指令：repl，如图 4.17 所示。

另存为
« ThinkPad › win10board
搜索"win10board"
组织 ▾
新建文件夹
此电脑
3D 对象
视频
图片
文档
下载
音乐
桌面
本地磁盘 (C:)
software (D:)
名称
修改日期
没有与搜索条件匹配的项。
文件名(N): main.py
保存类型(T): 文本文档(*.txt)
隐藏文件夹
编码(E): UTF-8
保存(S)
取消

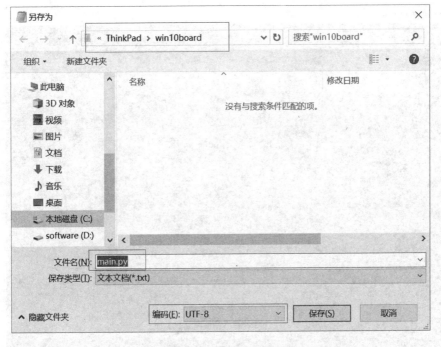

图 4.15　保存 main. py

C:\Users\ThinkPad\win10board> cp ./main.py /pyboard/
C:\Users\ThinkPad\win10board>

图 4.16　复制文件到 Pyboard

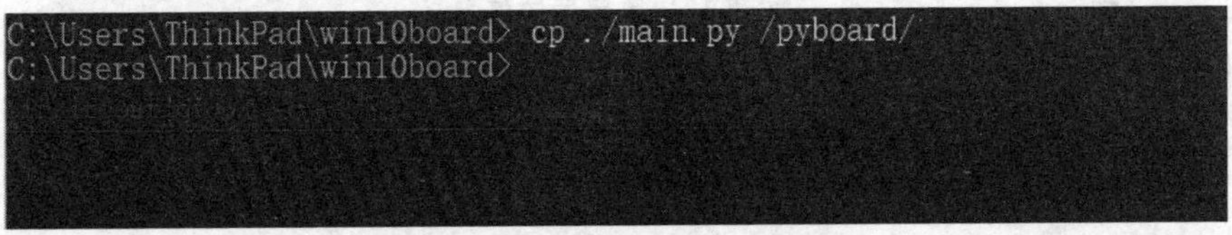

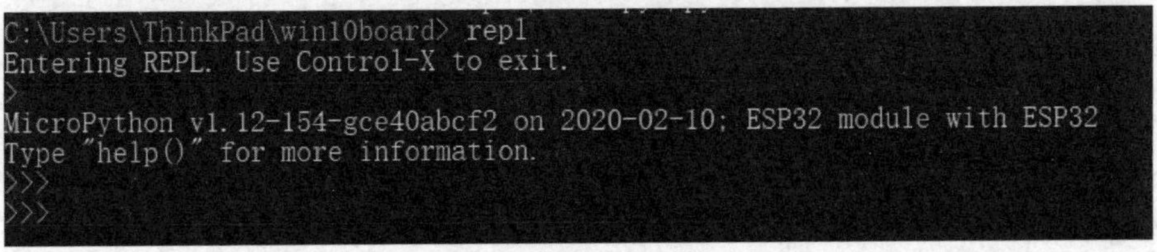

C:\Users\ThinkPad\win10board> repl
Entering REPL. Use Control-X to exit.
>
MicroPython v1.12-154-gce40abcf2 on 2020-02-10; ESP32 module with ESP32
Type "help()" for more information.
>>>
>>>

图 4.17　进入 Pyboard

⑤ 重启。按下复位键重启，重启后可以看到步骤②中在 main. py 输入的打印信息 www. edu118. com，说明运行了 Pyboard 中的 main. py 程序，如图 4.18 所示。

MicroPython 开发与实战

图 4.18　重启后的信息

第 **5** 章

ESP32 网络基础使用

ESP32 自带了 WiFi 模块,因此可以很容易地让 ESP32 接入网络。在 MicroPython 下,可以使用 network 模块来配置 ESP32 的 WiFi 功能。MicroPython 的 network 模块有两个 WiFi 接口,一个用于 station(当 ESP32 连接到路由器时),一个用于热点(access point)(用于其他设备与 ESP32 连接)。使用以下指令创建这些对象的实例:

```
>>> import network
>>> sta_if = network.WLAN(network.STA_IF) # STA 模式
>>> ap_if = network.WLAN(network.AP_IF) # AP 模式
```

可使用以下指令检查接口是否有效:

```
>>> sta_if.active()
False
>>> ap_if.active()
True
```

5.1   连接 WiFi

首先激活 station 接口:

```
>>> sta_if.active(True)
```

然后连接到 WiFi 网络:

```
>>> sta_if.connect(' < your ESSID > ', ' < your password > ')
```

使用以下指令检查连接是否建立:

```
>>> sta_if.isconnected()
```

建立后，可检查 IP 地址：

```
>>> sta_if.ifconfig()
('192.168.0.2', '255.255.255.0', '192.168.0.1', '8.8.8.8')
```

若不再需要热点接口，可禁用该接口：

```
>>> ap_if.active(False)
```

5.2　开机自动连接 WiFi

下面的函数可以自动运行并连接到 WiFi 网络，放入 boot.py 可以自启动。示例代码如下：

```
def do_connect():
    import network
    sta_if = network.WLAN(network.STA_IF)
    if not sta_if.isconnected():
        print('connecting to network...')
        sta_if.active(True)
        sta_if.connect(' < essid > ', ' < password > ')
        while not sta_if.isconnected():
            pass
    print('network config:', sta_if.ifconfig())
```

5.3　获取系统时间

输入以下指令可以查看当前时间：

```
>>> import time
>>> time.localtime()
(2000, 1, 1, 0, 0, 14, 5, 1)
```

可以看到，这个时间不是真正的当前时间。若要获取当前的准确时间，可以使用 MicroPython 的 ntptime 时间同步模块。

5.3.1　什么是 NTP

Network Time Protocol(NTP)是用来使计算机时间同步化的一种协议，它可以使计算机对其服务器或时钟源(如石英钟、GPS 等)做同步化。NTP 可以提供高精准度的时间校正。

5.3.2　方　法

```
ntptime.settime(timezone = 8, server = 'ntp.ntsc.ac.cn')
```

功能:同步本地时间。

参数说明:timezone:时区时间差,默认为东八区,补偿 8 小时;

　　　　　server:可自行指定授时服务器,为字符串类型,默认授时服务器为
ntp.ntsc.ac.cn。

5.3.3　实　例

需要注意的是,必须先连接上网络才能同步时间。示例代码如下:

```
import time
import ntptime
print("同步前本地时间:% s" % str(time.localtime()))
ntptime.settime()
print("同步后本地时间:% s" % str(time.localtime()))
```

运行结果:

```
同步前本地时间:(2000, 1, 1, 0, 1, 54, 5, 1)
同步后本地时间:(2020, 2, 22, 8, 10, 46, 5, 53)
```

5.4　urequests 下载网页数据

连接上网络之后,最简单的事情就是从网上下载数据。可以利用 MicroPython
的 urequests 模块来进行 HTTP 的 GET 请求。

示例代码如下:

```
>>> import urequests
>>> a = urequests.get("http://www.baidu.com")
>>> a.text
```

运行后便可得到一大堆百度网页的数据。

5.5　Python3 & MicroPython 的 socket 模块

5.5.1　socket 的定义

socket(套接字)是为特定网络协议(例如 TCP/IP,ICMP/IP,UDP/IP 等)套件

对上的网络应用程序提供当前可移植标准的对象。它们允许程序接收并进行连接，如发送和接收数据。为了建立通信通道，网络通信的每个端点拥有一个套接字对象极为重要。

套接字模块是一个非常简单的基于对象的接口，它提供对低层 BSD 套接字样式网络的访问。使用该模块可以实现客户机和服务器套接字。要在 Python 中建立具有 TCP 和流套接字的简单服务器，需要使用 socket 模块。

socket 是应用层与 TCP/IP 协议族通信的中间软件抽象层，它是一组接口。在设计模式中，socket 其实就是一个门面模式，它把复杂的 TCP/IP 协议族隐藏在 socket 接口后面，对用户来说，一组简单的接口就是全部，让 socket 去组织数据，以符合指定的协议。所以，用户无需深入理解 TCP/UDP 协议，socket 已经将其封装好，用户只需要遵循 socket 的规定去编程，写出的程序自然就是遵循 TCP/UDP 标准的。

5.5.2 socket 工作流程

一般 socket 建立链接需要六个步骤，如图 5.1 所示。包括：socket()创建 socket 对象；bind()绑定地址到 socket 对象；listen()监听地址端口；accept()阻塞接收链接请求；利用 write()、read()方法处理通信数据，利用 close 关闭链接。

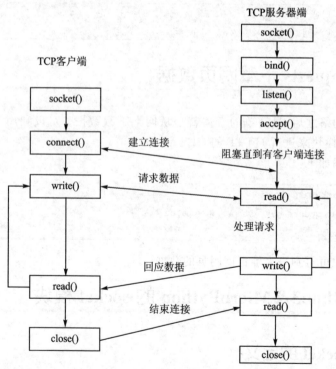

图 5.1　socket 建立链接

5.5.3　socket 模块的宏

socket 模块中定义了许多和协议相关的宏,如表 5.1 所列。

表 5.1　scoket 模块相关的宏

宏	名　称	含　义
socket. AF_INET	地址簇	TCP/IP – IPv4
socket. AF_INET6	地址簇	TCP/IP – IPv6
socket. SOCK_STREAM	套接字类型	TCP 流
socket. SOCK_DGRAM	套接字类型	UDP 数据报
socket. SOCK_RAW	套接字类型	原始套接字
socket. SO_REUSEADDR	套接字类型	socket 可重用
socket. IPPROTO_TCP	IP 协议号	TCP 协议
socket. IPPROTO_UDP	IP 协议号	UDP 协议
socket. SOL_SOCKET		套接字选项级别

5.5.4　socket 模块的 API

1. socket. getaddrinfo(host, port)

函数功能:将主机域名(host)和端口(port)转换为用于创建套接字的 5 元组
　　　　序列;

　　　　　元组序列为(family, type, proto, canonname, sockaddr)。

使用示例:

```
>>> info = socket.getaddrinfo("127.0.0.1", 10000)
>>> print(info)
[(2, 1, 0, '127.0.0.1', ('127.0.0.1', 10000))]
```

2. socket. socket([af, type, proto])

函数功能:创建套接字。

参数说明:af:地址;

　　　　　type:类型;

　　　　　proto:协议号。

注意:一般不指定 proto 参数,因为有些 MicroPython 固件提供默认参数。

使用示例:

```
>>> s = socket.socket(socket.AF_INET, socket.SOCK_STREAM)
>>> print(s)
< socket >
```

3. socket. bind(address)

函数功能:以列表或元组的方式绑定地址和端口号。

参数说明:address:一个包含地址和端口号的列表或元组。

使用示例:

```
addr = ("127.0.0.1",10000)
s.bind(addr)
```

4. socket. listen([backlog])

函数功能:监听套接字,使服务器能够接收连接。

参数说明:backlog:接受套接字的最大个数,如果没有指定,则默认一个合理值。

使用示例:

```
s.listen(100)
```

5. socket. accept( )

函数功能:阻塞接收连接请求。

函数说明:只能在绑定地址端口号和监听后调用,返回 conn 和 address。

返回值:conn:新的套接字对象,可以用来收发消息;

　　　　address:连接到服务器的客户端地址。

使用示例:

```
conn,addr = s.accept()
```

6. socket. connect(address)

函数功能:连接服务器。

参数说明:address:服务器地址和端口号的元组或列表。

使用示例:

```
host = "192.168.3.147"
port = 100
s.connect((host, port))
```

7. socket. send(bytes)

函数功能:发送数据,并返回发送的字节数。

参数说明:bytes:bytes 类型数据。

使用示例:

```
s.send("hello 1ZLAB, I am TCP Client")
```

8. socket. recv(bufsize)

函数功能:接收数据,返回接收到的数据对象。

参数说明：bufsize：指定一次接收的最大数据量。

使用示例：

```
data = conn.recv(1024)
```

9．socket. close( )

函数功能：关闭套接字。

使用示例：

```
s.close()
```

5.6　利用 socket 下载网页数据

使用 socket 定义一个可下载和打印 URL 的函数，代码如下：

```
import socket
def http_get(url):
    _, _, host, path = url.split('/', 3)
    addr = socket.getaddrinfo(host, 80)[0][-1]
    s = socket.socket()
    s.connect(addr)
    s.send(bytes('GET /%s HTTP/1.0\r\nHost: %s\r\n\r\n' % (path, host), 'utf8'))
    while True:
        data = s.recv(100)
        if data:
            print(str(data, 'utf8'), end = '')
        else:
            break
    s.close()
```

函数使用：

```
http_get("http://www.baidu.com/")
```

此指令会检索页面并将 HTML 打印到控制台。

5.7　利用 socket 实现 ESP32 的网络通信

将 ESP32 与 PC 置于同一局域网内。在接下来的示例中，以 ESP32 建立 TCP 服务端，在 PC 上编写脚本、创建 TCP 客户端，与服务器进行通信。

5.7.1 服务器端

服务器端代码如下：

```python
import socket
import _thread
#服务器端
def tcplink(conn, addr):
    print("addr:",addr)
    print("conn:",conn)
    while 1:
        data = conn.recv(1024)
        #防止对面断线,然后连接没关掉;
        if not data:
            break
        print("msg:",str(data,"utf-8"))
    conn.close()
sock_tcp = socket.socket(socket.AF_INET, socket.SOCK_STREAM)
sock_tcp.bind(("0.0.0.0", 60000))
sock_tcp.listen(100)
print("listening")
while 1:
    conn, addr = sock_tcp.accept()
    _thread.start_new_thread(tcplink, (conn,addr))
```

5.7.2 Client 客户端

Client 客户端代码如下：

```python
import socket
import _thread
sock_tcp = socket.socket(socket.AF_INET, socket.SOCK_STREAM)
sock_tcp.connect(("172.20.10.5",60000))
sock_tcp.sendall(bytes("wuhan jiayou!", "utf-8"))
```

由于在 PC 上运行服务器端的代码,所以服务器 IP 地址即为本地 IP 地址,当前为"172.20.10.5"。查看本地 IP 地址的方法如下：

第一步:按下 Win+R 组合键,打开运行窗口。

第二部:输入 cmd 后按回车键,打开命令窗口。

第三步:输入命令 ipconfig。若当前计算机连接的是无线网络,则显示的 IP 地址如图 5.2 所示。

图 5.2　IP 地址的查询

5.7.3　程序运行

运行服务器端代码,正在监听等待,运行效果如图 5.3 所示。

```
Python 3.6.5 Shell                                                    _  □  ×
File  Edit  Shell  Debug  Options  Window  Help
Python 3.6.5 (v3.6.5:f59c0932b4, Mar 28 2018, 17:00:18) [MSC v.1900 64 bit (AM
D64)] on win32
Type "copyright", "credits" or "license()" for more information.
>>>
============ RESTART: C:\Users\ThinkPad\win10board\socket_server.py ============
listening
```

图 5.3　监听等待

运行客户端代码如图 5.4 所示。

```
Windows PowerShell
Unrecognized command: ipconfig
C:\Users\ThinkPad\win10board> repl
Entering REPL. Use Control-X to exit.
>>>
paste mode; Ctrl-C to cancel, Ctrl-D to finish
=== import socket
=== import _thread
=== sock_tcp = socket.socket(socket.AF_INET, socket.SOCK_STREAM)
=== sock_tcp.connect(("172.20.10.5", 60000))
=== sock_tcp.sendall(bytes("happy to learn MicroPython!", "utf-8"))
>>>
```

图 5.4　客户端代码

程序运行结果如图 5.5 所示。

图 5.5　程序运行结果

此后可以单独运行发送函数，如图 5.6 所示。

图 5.6　发送函数

服务器接收到信息，效果如图 5.7 所示。

图 5.7　服务器收到消息

5.8　收看星球大战字符动画

blinkenlights.nl 网站提供了星球大战 Asciimation 服务。它使用端口 23 上的 Telnet 协议将数据流式传输给任何连接的用户。

接下来，建立一个 TCP 通信，在 REPL 中观看星球大战。

首先要导入套接字模块：

```
>>> import socket
```

然后通过域名来获取服务器的地址：

```
>>> addr_info = socket.getaddrinfo("towel.blinkenlights.nl", 23)
```

getaddrinfo 函数实际上返回一个地址列表：

```
[(2, 1, 0, 'towel.blinkenlights.nl', ('94.142.241.111', 23))]
```

获取服务器的 IP 地址和端口，对应于该列表第一项的最后一个元组：

```
>>> addr = addr_info[0][-1]
```

建立一个 socket 对象，然后使用上面的 IP 地址和端口号与服务器进行连接：

```
>>> s = socket.socket()
>>> s.connect(addr)
```

获取并显示数据：

```
while True：
    data = s.recv(500)
    print(str(data, 'utf8'), end = ')
```

当这个循环执行时，开始显示动画，具体动画效果如图 5.8 所示，可使用 Ctrl＋C 组合键来中断它。

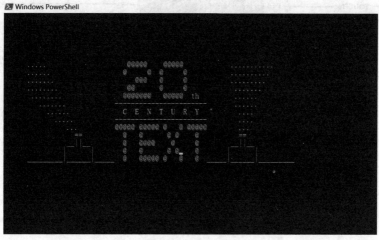

图 5.8　动画效果

第 **6** 章

MicroPython for ESP32 硬件控制

6.1 NodeMCU – 32S 开发板引脚说明

GPIO 口是作为单片机与外界进行数据交流的窗口,通过这些 GPIO 口来控制外部的设备。NodeMCU – 32S 开发板具有众多 GPIO 口,如图 6.1 所示。

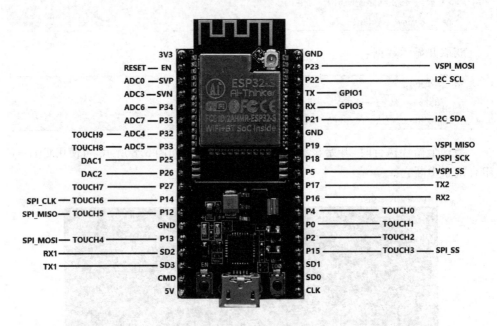

图 6.1 GPIO 口分配

注意,除了 P34、P35 只能作为输入外,其余大部分的 GPIO 都可以支持 PWM 输出和 I²C 协议。

GPIO 功能引脚分配如表 6.1 所列。

表 6.1　GPIO 口功能引脚分配

功能简介	缩写	可用的 GPIO 编号	备注
模/数转换	ADC	P32,P33,P34,P35	
数/模转换	DAC	P25,P26	
串口通信	UART	GPIO1(TX)、GPIO3(RX)； SD3(TX1)、SD2(RX1)； P17(TX2)、P16(RX2)	共三组
触摸检测(探测由手指或 其他物品直接接触或 接近而产生的电容差异)	TOUCH	P0,P2,P4,P12,P13, P14,P15,P27,P32,P33	
SPI 总线接口	SPI	P14,P12,P13,P15； P23,P19,P18,P5	
I^2C 总线接口	I^2C	P21(SDA),P22(SCL)	MicroPython 并未 实现硬件的 I^2C 通信

6.2　知识储备

如果是刚开始接触嵌入式或者硬件控制的初学者,可能需要先明确电信号的基本概念。

信号是运载消息的工具,是消息的载体。从广义上讲,它包含光信号、声信号和电信号等。电信号是指随着时间而变化的电压或电流,因此在数学描述上可将它表示为时间的函数,并可画出其波形。由于非电的物理量可以通过各种传感器较容易地转换成电信号,而电信号又容易传送和控制,所以使其成为应用最广的信号。

在电子线路中,通常将电信号划分为两种:模拟信号和数字信号,如图 6.2 所示。

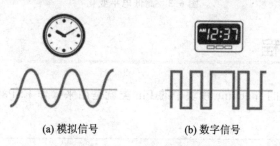

(a) 模拟信号　　　　　　　(b) 数字信号

图 6.2　模拟信号和数字信号

6.2.1　模拟信号

模拟信号是指用连续变化的物理量所表达的信息,如温度、湿度、压力、长度、电流、电压等,我们通常又把模拟信号称为连续信号,它在一定的时间范围内可以有无限多个不同的取值。

实际生产生活中的各种物理量,如摄相机摄下的图像,录音机录下的声音,车间控制室所记录的压力、流速、转速、湿度等都是模拟信号。

6.2.2　数字信号

数字信号是指在取值上是离散的、不连续的信号。数字信号是在模拟信号的基础上经过采样、量化和编码而形成的。具体地说,采样就是把输入的模拟信号按适当的时间间隔得到各个时刻的样本值;量化是把经采样测得的各个时刻的值用二进码制来表示;编码则是把量化生成的二进制数排列在一起形成顺序脉冲序列。

而单片机所识别的就是数字量,用逻辑 0 来表示低电平,用逻辑 1 来表示高电平。

6.2.3　高/低电平

在数字电路中,一般规定低电平为 0~0.25 V,高电平为 3.5~5 V。当然对于有些不同的芯片或者电路模组,对高电平或低电平的定义可能会有所差异。具体电平逻辑变化如图 6.3 所示。

图 6.3　高低电平变化

6.3　Pin 例程

MicroPython 的 machine 模块中的 Pin 类就是用来操作 ESP32 的 GPIO 口的。示例代码如下:

```
>>> from machine import Pin
>>> led = Pin(2, Pin.OUT)
>>> led.value(1)
```

这个示例的功能是控制 LED 灯,把 NodeMCU - 32S 开发板上的 LED 灯点亮。

解析：

第一行代码是从 machine 模块中导入了 Pin 这个类；

第二行代码是实例化对象，实例化一个控制 GPIO2 为输出功能的对象 LED；

第三行代码是从 GPIO2 输出高电平，由于开发板上搭载了一个 LED 灯，与 GPIO2 连接，所以此时 LED 灯接收到来自 GPIO2 的高电平就被点亮了。

使用 Tab 键可以查看 Pin 类中所包含的内容，示例代码如下：

```
>>> Pin.
__class__        __name__         value            __bases__
IN               IRQ_FALLING      IRQ_RISING       OPEN_DRAIN
OUT              PULL_DOWN        PULL_HOLD        PULL_UP
WAKE_HIGH        WAKE_LOW         init             irq
off              on
>>> Pin.
```

6.3.1　构造对象

● **classmachine. Pin(id, mode＝1, pull＝1, value)**

访问与给定相关的引脚外设（GPIO 引脚）id 。如果在构建对象中给出了其他参数，则它们用于初始化引脚。未指定的任何设置将保持其先前的状态。

参数说明：

id：强制性的，可以是任意对象。可能的值类型包括：int（内部引脚标识符）、str（引脚名称）和元组（[port, pin]对）。

mode：指定引脚模式，可以是以下之一：

　　Pin. IN：引脚配置为输入。如果将其视为输出，则引脚处于高阻态。

　　Pin. OUT：引脚配置为（正常）输出。

　　Pin. OPEN_DRAIN：引脚配置为开漏输出。开漏输出以下列方式工作：如果输出值设置为 0，则引脚处于低电平有效；如果输出值为 1，则引脚处于高阻态。并非所有端口都实现此模式，或某些端口可能仅在某些引脚上实现。

pull：指定引脚是否连接了（弱）拉电阻，可以是以下之一：

　　None：无上拉或下拉电阻；

　　Pin. PULL_UP：上拉电阻使能；

　　Pin. PULL_DOWN：下拉电阻使能。

value：仅对 Pin. OUT 和 Pin. OPEN_DRAIN 模式有效，并指定初始输出引脚值，否则引脚外设的状态保持不变。

6.3.2 方 法

● **Pin. init(mode＝1, pull＝1, value)**

使用给定参数重新初始化引脚。只会设置指定的参数,引脚外围状态的其余部分将保持不变。有关参数的详细信息,请参阅构造对象。

示例代码如下:

```
>>> from machine import Pin
>>> pin = Pin(2)
>>> pin.init(mode = Pin.OUT)    ＃也可以写作 pin.init(Pin.OUT)
```

● **Pin. value([x])**

此方法允许设置和获取引脚的值,具体取决于是否为 x 提供参数。

如果省略该参数,则该方法获得引脚的数字逻辑电平,分别返回对应于低电压信号和高电压信号的 0 或 1。此方法的行为取决于引脚的模式:

Pin. IN:该方法返回引脚上当前存在的实际输入值;

Pin. OUT:该方法的行为和返回值未定义;

Pin. OPEN_DRAIN:如果引脚处于状态 0,则该方法的行为和返回值未定义;如果引脚处于状态 1,则该方法返回引脚上当前存在的实际输入值。

如果提供了参数,则此方法设置引脚的数字逻辑电平。参数 x 可以是转换为布尔值的任意值。如果转换为 True,则将引脚设置为状态 1,否则将其设置为状态 0。此方法的行为取决于引脚的模式:

Pin. IN:该值存储在引脚的输出缓冲区中。引脚状态不会改变,它仍然处于高阻态。一旦更改为 Pin. OUT 或 Pin. OPEN_DRAIN 模式,存储的值将在引脚上激活。

Pin. OUT:输出缓冲区立即设置为给定值。

Pin. OPEN_DRAIN:如果值为 0,则引脚设置为低电压状态;否则,引脚被设置为高阻态。

示例代码如下:

```
>>> pin = Pin(2,Pin.OUT)
>>> pin.value()
0
>>> pin.value(1)
>>> pin.value()
1
>>> pin.value(0)
>>> pin.value()
0
```

● **Pin. on( )**

设置引脚为高电平。

● **Pin. off( )**

设置引脚为低电平。

● **Pin. irq(trigger=(Pin. IRQ_FALLING | Pin. IRQ_RISING), handler=None)**

配置在引脚的触发源处于活动状态时调用的中断处理程序。如果引脚模式是 Pin. IN,则触发源是引脚上的外部值;如果引脚模式是 Pin. OUT,则触发源是引脚的输出缓冲器;如果引脚模式是 Pin. OPEN_DRAIN,则触发源是状态 0 的输出缓冲器和状态 1 的外部引脚值。

参数说明:

trigger:配置可以触发中断的事件。可能的值是:

　　Pin. IRQ_FALLING:下降沿中断;

　　Pin. IRQ_RISING:上升沿中断。

这些值可以一起进行 OR 运算以触发多个事件。

handler:一个可选的函数,在中断触发时调用。

此方法返回一个回调对象。

6.4　延时例程

在 MicroPython 中,系统延时需要用到 utime 模块。该模块下有以下三个 sleep 函数:

utime. sleep(seconds):秒级的延时;

utime. sleep_ms(ms):毫秒级的延时;

utime. sleep_us(us):微秒级的延时。

示例代码如下:

```
import utime
# 延时 500 毫秒
utime.sleep_ms(500)
```

控制 LED 灯闪烁,实现 LED 灯亮→灭→亮→灭……,代码如下:

```
from machine import Pin
import utime
# 构造一个 LED 对象（P2）
led = Pin(2, Pin.OUT)
# 循环 10 次亮灭过程
```

```
for i in range(10):
    # 点亮 LED
    led.value(1)
    # 延时 500ms
    utime.sleep_ms(500)
    # 熄灭 LED
    led.value(0)
    # 延时 500ms
    utime.sleep_ms(500)
```

6.5 PWM 与呼吸灯例程

6.5.1 PWM 脉宽调制技术

PWM(Pulse Width Modulation)是脉冲宽度调制的缩写,它是通过对一系列脉冲的宽度进行调制,等效出所需要的波形(包含形状以及幅值),对模拟信号电平进行数字编码,也就是说,通过调节占空比的变化来调节信号、能量等的变化。占空比就是指在一个周期内,信号处于高电平的时间占据整个信号周期的百分比,例如方波的占空比就是 50%。

6.4.1 小节实现的 LED 灯闪烁,500 ms 亮与 500 ms 灭循环,信号波形如图 6.4 所示。

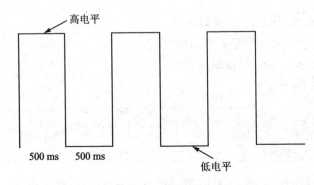

高电平

500 ms　　500 ms

低电平

图 6.4　信号波形

这就是占空比为 50% 的方波。如果把延时时间缩短,时间越短 LED 灯闪烁得越快。当时间足够短的时候,人的肉眼就看不出 LED 的闪烁,也就是说,频率快得人眼分辨不出来。此时 LED 的亮度处在灭与亮之间亮度的中间值,达到了 50% 亮度。因此可以在一个时间足够短的周期内调节高低电平的时间比列,也就是控制占空比,就可以达到控制 LED 灯亮度的目的。这就是所谓的 PWM 控制。不同占空比效果如图 6.5 所示。

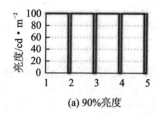
(a) 90%亮度

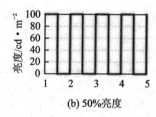
(b) 50%亮度

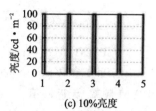
(c) 10%亮度

图 6.5　PWM 控制

PWM 的控制受到两个因素影响,频率(周期)和占空比。例如 PWM 的控制周期为 100 ms,其中 25 ms 为高电平,75 ms 为低电平,则占空比就是 25/100＝25％。

注意:占空比有时候在嵌入式并不是百分比,而是参考其分辨率。有的单片机例如 Arduino,它的占空比取值为 0～255。

当前 ESP32 的占空比(duty)并不是百分比的取值,而是一个分辨率,其取值范围为:0～1 023。

6.5.2　构造对象

● **class machine. PWM(pin, freq, duty)**

创建与设定引脚关联的 PWM 对象。用户可以写该引脚上的模拟值。

参数说明:

pin:支持 PWM 的引脚 GPIO0、GPIO2、GPIO4、GPIO5、GPIO10、GPIO12～GPIO19、GPIO21～GPIO23、GPIO25～GPIO27;

freq:频率,$0 < \text{freq} \leqslant 78\ 125$ Hz;

duty:占空比,$0 \leqslant \text{duty} \leqslant 0x03FF$(十进制:$0 \leqslant \text{duty} \leqslant 1\ 023$)。

注意:PWM 可在所有输出引脚上启用。但其存在局限:须全部为同一频率,且仅有 8 个通道。

示例代码如下:

```
from machine import Pin,PWM
led_pin = Pin(2, Pin.OUT)
# 把 Pin 对象传入 PWM 的构造器中
led_pwm = PWM(led_pin) # 也可以直接初始化 led_pwm = PWM(led_pin, freq = 1000, duty = 1023)
```

6.5.3　方　法

● **PWM. init(freq, duty)**

初始化 PWM,参数 freq、duty 的详细信息,参阅 6.5.2 小节。

示例代码如下：

```
led_pwm.init(freq = 1000, duty = 1023)
```

● **PWM. freq([freq_val])**

当没有参数时，函数获得并返回 PWM 频率；当设置参数时，函数用来设置 PWM 频率，无返回值。

参数说明：

freq_val：PWM 频率，$0 <$ freq $\leqslant$ 0x0001312D(十进制：$0 <$ freq $\leqslant$ 78 125 Hz)。

示例代码如下：

```
led_pwm.freq(1000)
```

● **PWM. duty([duty_val]**

当没有参数时，函数获得并返回 PWM 占空比；当有参数时，函数用来设置 PWM 占空比。

参数说明：

duty_val：占空比，$0 \leqslant$ duty $\leqslant$ 0x03FF(十进制：$0 \leqslant$ duty $\leqslant$ 1 023)。

示例代码如下：

```
led_pwm.duty(100)
```

● **PWM. deinit( )**

关闭 PWM。PWM 执行结束后，需要 deinit()进行注销。

6.5.4　PWM 控制 LED 的亮度

只要改改控制 LED 引脚上的 PWM 输出的占空比，即可完成对亮度的控制。

编写一个类，用来控制 LED 的亮度，代码如下：

```python
from machine import Pin
from machine import PWM
class PWM_LED:
    def __init__(self,pinnum,freq = 1000):
        pin = Pin(pinnum,Pin.OUT)
        self.pwm = PWM(pin,freq = freq)
    def change_duty(self,duty):
        self.pwm.duty(duty)
    def deinit(self):
        self.pwm.deinit()
```

创建一个名为 pwm_led.py 的文件，把以上代码导入并保存。然后把该文件拷贝到 Pyboard 中,如图 6.6 所示。

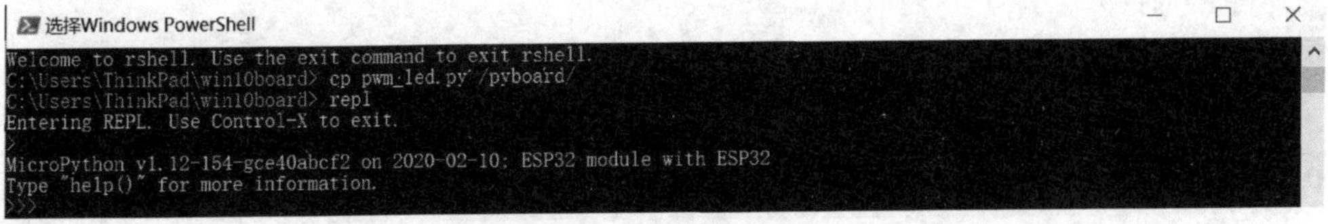

图 6.6　拷贝文件

现在可以通过创建一个 pwm_led 对象来控制了,代码如下:

```
>>> from pwm_led import *
>>> pled = PWM_LED(2)
>>> pled.change_duty(0)
>>> pled.change_duty(100)
>>> pled.change_duty(500)
>>> pled.change_duty(800)
>>> pled.change_duty(1023)
>>> pled.deinit()
>>>
```

6.5.5　呼吸灯

示例代码如下:

```
import machine
import utime, math
from PWM_LED import *
from machine import Pin
pwm_led = PWM_LED(2)
def pulse(switch, period, gears):
    # 呼吸灯核心代码
    # 借用 sin 正弦函数,将 PWM 范围控制在 23~1 023
    # switch 开关对象
    # period 呼吸一次的周期,单位为毫秒
    # gears 呼吸过程中经历的亮度挡位数
    for i in range(2 * gears):
        switch.change_duty(int(math.sin(i / gears * math.pi) * 500) + 523)
        # 延时
        utime.sleep_ms(int(period / (2 * gears)))
# 呼吸十次
for i in range(10):
```

```
        pulse(pwm_led, 2000, 100)
# 释放资源
pwm_led.deinit()
```

6.6 ADC 例程

单片机只能处理数字量,当需要 MCU 单片机区分多值输入信号时,单片机不能直接实现,需要将多值信号通过模/数转换器(ADC)转换成数字量供单片机处理。模/数转换器一般用在各类传感器上。

在 NodeMCU - 32S 开发板中,具有 ADC 功能的 GPIO 引脚如图 6.7 所示。

图 6.7　ADC 功能引脚

6.6.1　构造对象

● **classmachine. ADC(Pin)**

创建与设定引脚关联的 ADC 对象。用户可以读取该引脚上的模拟值。

参数说明:

Pin:ADC 在专用引脚上可用,ESP32 可用引脚有:IO39、IO36、IO35、IO33、IO34、IO32。

示例代码如下:

```
from machine import ADC, Pin
adc = ADC(Pin(33))
```

6.6.2　方　法

● **ADC. atten(db)**

该方法允许设置 ADC 输入的衰减量。这允许更宽的可能输入电压范围,但是以精度为代价(相同的位数现在表示更宽的范围)。在未设置 atten()时,默认为 0 dB 衰减。可能的衰减选项如表 6.2 所列。

表 6.2　可能的衰减选项

宏定义	衰减量/dB	数　值	满量程电压/V
ADC. ATTN_0DB	0	0	1
ADC. ATTN_2_5DB	2.5	1	1.5
ADC. ATTN_6DB	6	2	2
ADC. ATTN_11DB	11	3	3.3

示例代码如下：

```
adc.atten(ADC.ATTN_11DB)
```

● **ADC. width(bit)**

设置数据宽度（分辨率）。ADC 的分辨率是指能够将采集的模拟信号转化为数字信号的精度，通常用"位"来表述，比如 8 位就是指 ADC 可以将制定量程内的电压信号，分别对应到 $0 \sim (2^8-1)$（即 $0 \sim 255$）这 256 个数字上。分辨率位数越高，能够表示的也就越精确，信息丢失的也就越少。

宽度选项如表 6.3 所列。

表 6.3　宽度选项

宏定义	数　值	满量程
ADC. WIDTH_9BIT	0	0x1ff(511)
ADC. WIDTH_10BIT	1	0x3ff(1 023)
ADC. WIDTH_11BIT	2	0x7ff(2 047)
ADC. WIDTH_12BIT	3	00xfff(4 095)

示例代码如下：

```
ADC.width(ADC.WIDTH_12BIT)
```

● **ADC. read( )**

读取 ADC 并返回读取结果。

6.7　RTC 例程

RTC 是独立的时钟，可以跟踪日期和时间。

6.7.1　构造对象

● **class machine. RTC( )**

创建 RTC 对象。

示例代码如下:

```
>>> from machine import RTC
>>> rtc = RTC()
```

6.7.2 初始化 RTC 时间

● **RTC.init**([datetimetuple])

初始化 RTC。日期时间为下列形式的 8 元组:(year,month,day,weekday,hour,minute,second,microsecond)。

注意:weekday:星期一到星期天分别对应的是 [0～6],而不是 [1～7],毫秒部分的数值其实是秒数的小数点位后的数值。

示例代码如下:

```
>>> rtc.init((2020,3,3,2,15,33,0,0))
```

6.7.3 查看 RTC 时间

● **RTC.init**([datetimetuple])

当给定时间元组时为设置 RTC 日期和时间,未给定参数为返回当前时间元组,初始化方法如上。

示例代码如下:

```
>>> rtc.datetime()
(2020, 3, 3, 1, 15, 33, 20, 338533)
>>> rtc.datetime()
(2020, 3, 3, 1, 15, 33, 25, 598580)
>>> rtc.datetime()
(2020, 3, 3, 1, 15, 33, 26, 608411)
>>> rtc.datetime()
(2020, 3, 3, 1, 15, 33, 27, 538546)
>>>
```

6.7.4 缺 陷

虽然 RTC 能够进行时间和日期的跟踪,但是 RTC 的精度存在一定的缺陷,每过 7 h45 min 便会有秒级别的误差溢出,所以建议每隔 7 h 进行一次时间的校准。

由于计时器在掉电后无法进行计时工作,这会导致设备在下次开机前进入初始的时间 2000 年 1 月 1 日。所以如果要对时间进行精准的掌控,需要在开机时进行时间的校准。可以使用前面所学的 ntptime 模块进行网络授时校准时间。

6.8 Timer 例程

在实际应用中,经常需要定期处理某一个事件,这时候就需要有一个时间提醒,就好像闹钟一样。Micro Python 提供了 Timer 类让用户去控制芯片内部的定时器。通过设定定时器的时间周期,就可以产生中断触发去处理指定的工作。

6.8.1 构造对象

● **class machine. Timer(id , …)**
构造给定 id 的新计时器对象。id 为任意正整数。
示例代码如下:

```
from machine import Timer
tim = Timer(1)
```

6.8.2 初始化定时器

● **Timer. init(* , mode＝Timer. PERIODIC, period＝－1, callback＝None)**
参数说明:
mode:定时器模式,可以是以下之一:
　　Timer. ONE_SHOT:计时器运行一次,直到配置完毕通道的期限到期;
　　Timer. PERIODIC:定时器以通道的配置频率定期运行。
period:定时器执行的周期,单位是 ms,每隔 period ms 执行一次。period 取值范围: 0 ＜ period ≤ 3 435 973 836。
callback:定时器的回调函数。
示例代码如下:

```
tim.init(mode = Timer.ONE_SHOT, period = 1000.callback = lambda t:print('haha'))
```

6.8.3 释放定时器资源

● **Timer. deinit( )**
取消定时器的初始化。停止计时器,并禁用计时器外围设备。

6.8.4 定时器控制 LED 灯闪烁

示例代码如下:

```
from machine import Timer,Pin
import utime
```

```
def toggle_led(led_pin):
    #LED 状态反转
    led_pin.value(not led_pin.value())
def led_blink_timed(timer, led_pin, freq):
    '''
    led 按照特定的频率进行闪烁
    LED 闪烁周期 = 1 000 ms / 频率
状态变换间隔(period) = LED 闪烁周期/ 2
    '''
    #计算状态变换间隔时间 ms
    period = int(0.5 * 1 000 / freq)
    #初始化定时器
    #这里回调是使用了 lambada 表达式,因为回调函数需要传入 led_pin
    timer.init(period = period, mode = Timer.PERIODIC, callback = lambda t:toggle_led
(led_pin))
    #声明引脚 D2 作为 LED 的引脚
    led_pin = Pin(2, Pin.OUT)
    timer = Timer(1)        #创建定时器对象
    led_blink_timed(timer, led_pin, freq = 20)
```

6.9 串口 UART 例程

串口就是一种通信协议。什么是通信协议？通信协议就是通信双方数据交流的规则。通信双方必须在同一种通信协议(规则)才能正常交流。

6.9.1 常用通信协议分类及其特征

1. 同步、异步

同步:通信双方在同一个时钟脉冲驱动下进行数据传输,如图 6.8 所示。

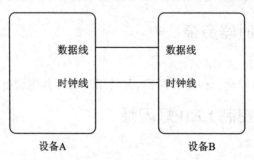

设备A   设备B

图 6.8 同步通信

异步:通信双方的时钟由各自提供,如图 6.9 所示。

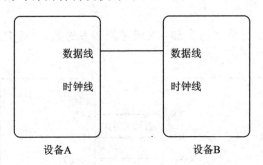

图 6.9　异步通信

2. 单工、半双工、全双工

两个设备通信,发送数据的一方叫发送方,接收数据的一方叫接收方。数据是由发送方传输到接收方的。

单工:在同一个通信系统下,如果一个设备作为发送方,另一个设备作为接收方,角色一旦确定下来,永远都不能改变身份,就意味着在这个通信系统下,数据只能由发送方传输到接收方,数据传输只有一个方向。

半双工:在同一个通信系统下,同一个设备既可以作为发送方,也可以作为接收方,但是同一个时刻只能拥有一种身份。数据只能由发送方传输到接收方。所以,半双工其实可以看做是能改变方向的单工。

全双工:在同一个通信系统下,同一个设备同时作为发送方和接收方,同一时刻既能发送数据也能接收数据。

3. 串行、并行

串行:只有一根数据线,数据只能一位一位地传输,如图 6.10 所示。

并行:数据线有多根,数据可以多位传输,如图 6.11 所示。

图 6.10　串行通信　　　　　　　　图 6.11　并行通信

4. 板级总线、现场总线

板级总线:固定在 PCB 板上的通信总线(串口、I^2C、SPI)。

现场总线:没有固定在 PCB 板上的通信总线(CAN)。

6.9.2 UART 接口

串口的接口主要有两个:TX 和 RX,TX 用于发送数据,而 RX 则用于接收数据。具体连接如图 6.12 所示。

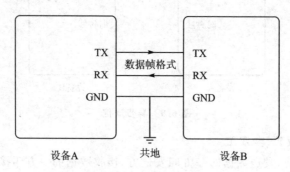

图 6.12 串口接口

6.9.3 UART 数据帧格式

一帧数据的格式:起始位+数据位(5~8)+可能的奇偶校验位+停止位,具体格式如图 6.13 所示。

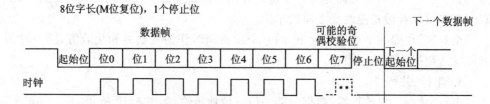

图 6.13 数据帧格式

起始位:一个位的低电平时间。

数据位:有效数据,低位在前。

可能的奇偶校验位:当使用奇偶校验功能时,数据位的最高位就作为奇偶校验位;否则不存在奇偶校验位。

举例:X1001001

奇校验:奇偶校验位 X 为 0;

偶校验:奇偶校验位 X 为 1。

举例:X1001011

奇校验:奇偶校验位 X 为 1;

偶校验:奇偶校验位 X 为 0。

停止位:一个位的高电平时间(0.5/1/1.5/2)。

6.9.4　UART 四要素

通信双方是否能够正常使用串口进行通信主要由以下四个要素决定:

① 数据位的位数。数据位的位数由通信双方共同约定,一般可以是 6 位、7 位或 8 位。

② 有没有奇偶校验位。奇偶校验也是由通信双方共同约定,启用奇偶校验就有,否则没有。

③ 停止位时间是多长。

④ 波特率。波特率其实就是通信传输数据的速度,即每秒传输多少位。通信双方必须要在同一个波特率通信,否则会出现数据丢失或者数据溢出等情况。

6.9.5　ESP32 中串口的硬件资源情况

ESP32 有三组串口,如图 6.14 所示。第一组是 TX(P1) 和 RX(P3),这一组串口资源被 REPL 所占用,所以无法被用户所使用。

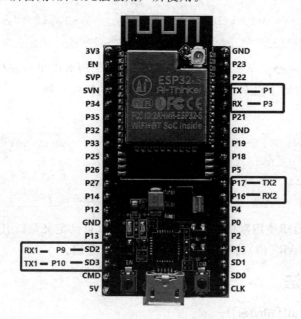

图 6.14　ESP32 串口资源

6.9.6　构造对象

● **class machine. UART(id, baudrate, bits, parity, rx, tx, stop, timeout)**

构造 UART 对象。

参数说明：

id：串口编号。有效取值范围为 1、2。UART(id＝0) 用于 REPL，不能使用。

bandrate：波特率(时钟频率)。常用波特率为：9 600(默认)，115 200。信息接收双方的波特率必须一致，否则会乱码。

bits：单个字节的位数。通常为 8（默认）、7、9。

parity：校验方式。None 为不进行校验(默认)，0 为偶校验，1 为奇校验。

rx：接收口的 GPIO 编号。

tx：发送口的 GPIO 编号。

stop：停止位个数。通常为 1(默认)、2。

timerout：超时时间。取值范围：0 ＜ timeout ≤ 2 147 483 647。

示例 1：

```
>>> from machine import UART
>>> u = UART(2)
>>> u
UART(2, baudrate = 115201, bits = 8, parity = None, stop = 1, tx = 17, rx = 16, rts = － 1,
cts = － 1, txbuf = 256, rxbuf = 256, timeout = 0, timeout_char = 1)
```

可以看出，只需要简单地传入 id 为 2 即可初始化构造出串口硬件资源，tx 和 rx 的 GPIO 编号都打印了出来，与上文中硬件资源中的标注一样。

示例 2：

```
>>> uart = UART(1, baudrate = 115200, rx = 13,tx = 12,timeout = 10)
>>> uart
UART(1, baudrate = 115201, bits = 8, parity = None, stop = 1, tx = 12, rx = 13, rts = － 1,
cts = － 1, txbuf = 256, rxbuf = 256, timeout = 10, timeout_char = 1)
```

如果用户不希望使用默认的 GPIO 资源，也可以自己定义端口引脚。

注意：使用 UART(1)的默认引脚会导致单片机重启。

6.9.7 方 法

● **UART. read**([nbytes])

函数说明：读字符。如果 nbytes 指定，则最多读取该数量个字节；否则读取尽可能多的数据。

返回值：包含读入的字节的字节对象；超时则返回 None。

● **UART. readinto**(buf[, nbytes])

函数说明：将字节读入 buf 。如果 nbytes 指定，则最多读取该数量个字节；否则，最多读取 len(buf) 字节数。

返回值：读取并存储到 buf 的字节数；超时则返回 None。

● **UART. readline( )**

函数说明：读一行，以换行符结尾。

返回值：读取的行；超时则返回 None。

● **UART. write(buf)**

函数说明：向串口写入（发送）数据。

返回值：写入 buf 的字节数；超时则返回 None。

● **UART. any( )**

函数说明：检查是否有可读的数据。

返回值：可读数据的长度。

6. 9. 8　ESP32 串口通信——字符串自收发实验

接线：

将开发板的引脚 P13 与引脚 P12 用杜邦线相连接，如图 6.15 所示。

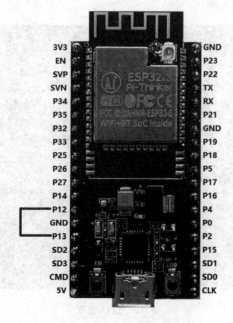

图 6.15　开发板自发自收连线

示例代码如下：

```
from machine import UART
from machine import Timer
import select
import time
# 创建一个 UART 对象,将引脚 13 和引脚 12 相连
```

```
uart = UART(1, rx = 13, tx = 12)
# 创建一个 Timer,使用 timer 的中断来轮询串口是否有可读数据
timer = Timer(1)
timer.init(period = 50, mode = Timer.PERIODIC, callback = lambda t: read_uart(uart))
def read_uart(uart):
    if uart.any():
        print('received: ' + uart.read().decode() + '\n')
if __name__ == '__main__':
    try:
        for i in range(10):
            uart.write(input('send: '))
            time.sleep_ms(50)
    except:
        timer.deinit()
```

运行结果如图 6.16 所示。

6.16 运行结果

6.10 SPI 例程

SPI(Serial Peripheral Interface)是由 Motorola 公司开发的串行外围设备接口，是一种高速的、全双工、同步的通信总线。其主要应用在 EEPROM、Flash、实时时钟、A/D 转换器以及数字信号处理器和数字信号解码器等器件。

6.10.1　SPI 总线接口与物理拓扑结构

① 五线制接口(4 线 SPI)如图 6.17 所示。

② 四线制接口(3 线 SPI)如图 6.18 所示。

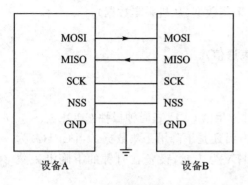

6.17　五线制接口

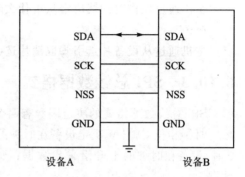

图 6.18　四线制接口

③ 4 线 SPI 拓扑结构图如图 6.19 所示。

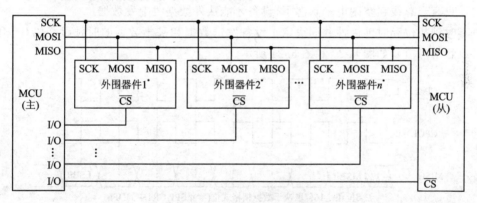

图 6.19　4 线 SPI 拓扑结构图

在 SPI 总线上,有主从设备之分,并且在同个 SPI 总线上,只有一个主机和一个或者多个从机(一主多从)。图 6.19 中,4 根信号线的意义如下:

MOSI:串行数据线,传输方向为主机输出到从机(主出从入)。

MISO:串行数据线,传输方向为从机输出到主机(主入从出)。

SCK:串行时钟线,控制数据线的传输。时钟线只能收到主机主控(主机发出)。

CS:从设备片选,主机通道从设备片选引脚来选中将要通信的从设备。

由于时钟线只能由主机控制,并且时钟线是驱动数据线工作的,所以,从机与从机之间是不可能相互通信的,只能是主机与从机之间进行通信,并且从机永远不可能主动与主机通信。主机在与相应从机通信前通过从设备片选引脚给从机发送片选信号激活从机。

6.10.2　SPI 总线通信原理

主机通过从设备片选引脚选中从机(激活从机);

主机通过操作时钟线决定什么时候发送数据给从机(主机准备数据);

主机通过操作时钟线决定从机什么时候采集数据(从机采集数据);

……

主机通过从设备片选引脚取消片选(结束通信)。

6.10.3　SPI 总线数据格式

SPI 总线数据格式的决定因数有两个:时钟相位 CPHA;时钟极性 CPOL。

时钟相位 CPHA,决定设备在时钟的上升沿还是下降沿采集数据。当 CPHA 为 0 时,设备在时钟的上升沿采集数据;当 CPHA 为 1 时,设备在时钟的下降沿采集数据。

时钟极性 CPOL,决定总线空闲状态的电平极性。当 CPOL 为 0 时,总线的空闲电平为低电平;当 CPOL 为 1 时,总线的空闲电平为高电平。

只有当总线在空闲电平状态下,设备才能从外数据线上发数据。

时钟相位和时钟极性共同决定了设备发送数据和采集数据的时钟跳变沿(上升沿或者下降沿),如图 6.20 和图 6.21 所示。

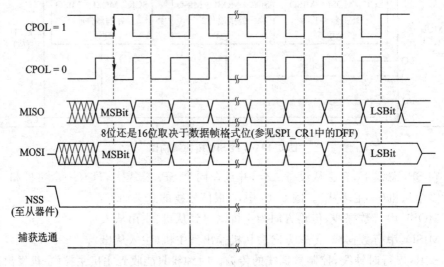

图 6.20　CPHA＝1

由 CPOL 及 CPHA 的不同状态组合,SPI 总线的通信模式分为四种,如表 6.4 所列。

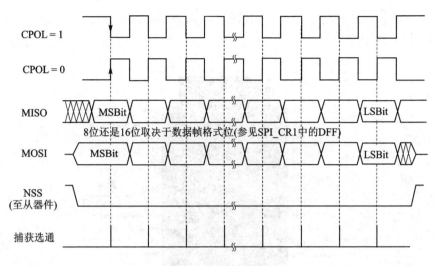

图 6.21　CPHA＝0

表 6.4　SPI 总线的通信模式

	Leading Edge	Trailing Edge	SPI Mode
CPOL ＝ 0，CPHA ＝ 0	Sample (Rising)	Setup (Falling)	0
CPOL ＝ 0，CPHA ＝ 1	Setup (Rising)	Sample (Falling)	1
CPOL ＝ 1，CPHA ＝ 0	Sample (Falling)	Setup (Rising)	2
CPOL ＝ 1，CPHA ＝ 1	Setup (Falling)	Sample (Rising)	3

在一个 SPI 接口的设备中，如果它支持 Mode0，一般也会支持 Mode3；如果它支持 Mode1，一般也会支持 Mode2。

6.10.4　ESP32 中 SPI 的硬件资源情况

NodeMCU－32S 拥有两组硬件 SPI 总线资源，所对应的引脚如图 6.22 所示。

除此两组 SPI 硬件资源外，其余的 GPIO 理论上也可以配置成 SPI 总线的输入输出引脚，只要满足该引脚既能够作为输入也能够作为输出。因此，在 MicroPython 中，拥有两种模式的 SPI 总线，即硬件 SPI；软件 SPI（GPIO 模拟）。

6.10.5　构造对象

1. 硬件 SPI 构造

HSPI 构造，代码如下：

```
>>> from machine import SPI
>>> hspi = SPI(1)
>>> hspi
```

```
    SPI(id = 1, baudrate = 500000, polarity = 0, phase = 0, bits = 8, firstbit = 0, sck = -
1, mosi = -1, miso = -1)
```

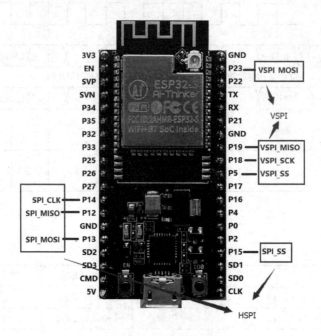

图 6.22　引脚说明

VSPI 构造,代码如下:

```
>>> from machine import SPI
>>> vspi = SPI(2)
>>> vspi
SPI(id = 2, baudrate = 500000, polarity = 0, phase = 0, bits = 8, firstbit = 0, sck = -
1, mosi = -1, miso = -1)
```

注意:MicroPython 不允许同时构造两个硬件 SPI,即 HSPI 和 VSPI 只能存在一个,不能一起使用。

2. 软件 SPI 构造

软件 SPI 构造较硬件 SPI 构造要复杂得多,有两种构造方法:使用类构造或使用 init 函数构造

(1) 类构造

● **SPI(baudrate, polarity, phase, bits, firtbit, sck, mosi, miso)**

参数说明:

baudrate:SCK 时钟频率,范围为 $0 < $ baudrate $\leqslant$ 0x0FFFFFFF(十进制:0 $<$

baudrate $\leqslant$ 2 147 483 647)。

polarity：极性,分为以下两种情况：

0：时钟空闲时候的电平是低电平,所以当 SCLK 有效的时候,就是高电平;

1：时钟空闲时候的电平是高电平,所以当 SCLK 有效的时候,就是低电平。

phase：相位,分为以下两种情况：

0：在第一时钟沿采样数据;

1：在第二时钟沿采样数据。

bits：传输数据位数。

firtbit：数据传输的第一位(高位或低位)。

sck：时钟信号引脚。

mosi：主设备输出,从设备输入引脚。

miso：主设备输入,从设备输出引脚。

示例代码如下：

```
from machine import SPI, Pin
spi = SPI(baudrate = 115200, polarity = 1, phase = 0, sck = Pin(17), mosi = Pin(27),
miso = Pin(18))
```

(2) 使用 init 构造

● **SPI. init(baudrate, polarity, phase, sck, mosi, miso)**

函数说明：初始化 SPI 总线 。

参数含义同"(1)类构造"一致。

示例代码如下：

```
from machine import SPI, Pin
spi = SPI.init(baudrate = 115200, polarity = 1, phase = 0, sck = Pin(17), mosi = Pin
(27), miso = Pin(18))
```

6.10.6 方　法

● **SPI. deinit( )**

函数说明：关闭 SPI 总线。

● **SPI. read(nbytes, write＝0x00)**

函数说明：读取由 nbytes 指定的字节数,同时连续写入由 write 给定的单字节。

返回包含 bytes 已读取数据的对象。

● **SPI. readinto(buf, write＝0x00)**

函数说明：读入由 buf 指定的缓冲区,同时不断写入由 write 给出的单字节。

返回 None。

注意:在 ESP32 上,此函数返回读取的字节数。

● **SPI. write(buf)**

函数说明:写入 buf 中的字节。

返回 None。

注意:在 ESP32 上,此函数返回写入的字节数。

● **SPI. write_readinto(write_buf, read_buf)**

函数说明:从 write_buf 中写入字节,同时读入 read_buf 中。缓冲区可以是相同的,也可以是不同的,但是两个缓冲区都必须具有相同的长度。

返回 None。

注意:在 ESP32 上,此函数返回写入的字节数。

第 7 章

MQTT 与阿里云平台实战

7.1 物联网

物联网(Internet of Things,IoT)作为一个系统网络,与其他网络一样,也有内部特有的架构。大体上来说,物联网由云、管、端三大部分组成,如图7.1所示。

端,代表终端设备,负责真实世界的感知与控制,是物联网的最底层;

管,即管道,是物联网的网络核心,一切数据和指令均靠管道来传输,是物联网的中间层;

云,即云平台,负责真实世界数据的存储、展示、分析,是物联网的最上层,是中枢和大脑,也是连接人和物的纽带。

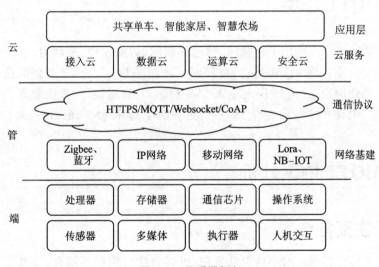

图 7.1　物联网框架

7.2　为何要用 MQTT

ESP32 是一款物联网模块,就相当于"管",让机器与机器中间进行连接,实现物联,使得设备之间协调运作。

MQTT(消息队列遥测传输)是一种基于发布/订阅模式的轻量级通信协议。该协议基于 TCP/IP 协议。IBM 于 1999 年发布的最新版本是 V3.1.1。MQTT 的最大优点是,它用很少的代码和有限的带宽向远程设备提供实时和可靠的消息传递服务。MQTT 作为一种开销低、占用带宽少的即时消息协议,在物联网、小型设备、移动应用程序等方面有着广泛的应用。

众所周知,TCP/IP 参考模型可以分为四层:应用层、传输层、网络层、链路层。TCP 和 UDP 位于传输层,应用层常见的协议有 HTTP、FTP、SSH 等。MQTT 协议运行于 TCP 之上,属于应用层协议,因此只要是支持 TCP/IP 协议栈的地方,都可以使用 MQTT,比如 ESP32WIFI 模组。

总的来说,MQTT 是专门针对低带宽和不稳定网络环境的物联网应用而设计的,为什么这样说? ESP32 作为一个单片机,其网络环境可能是不可靠的,如果采用原始的 socket 通信,并不能保障信息可以到达接收方,数据的可靠性包括实时性都会有一定的影响,所以就需要一种网络通信协议 Protocal 来保障信息的传递,保障服务质量(Quality of Service,QoS)。而 MQTT 则正是一种轻量级的、灵活的网络协议,这个轻量级协议可在严重受限的设备硬件和高延迟/带宽有限的网络上实现;它的灵活性使得为 IoT 设备和服务的多样化应用场景提供支持成为可能。

7.3 MQTT 应用

MQTT 协议广泛应用于物联网、移动互联网、智能硬件、车联网、电力能源等领域。主要包括:物联网 M2M 通信,物联网大数据采集,Android 消息推送,WEB 消息推送,移动即时消息(例如 Facebook Messenger),智能硬件、智能家具、智能电器,车联网通信,电动车站桩采集,智慧城市、远程医疗、远程教育,电力、石油与能源等行业市场。

7.4 MQTT 协议分析

7.4.1 主要特点

MQTT 协议提供一对多的消息发布,可以解除应用程序耦合,信息冗余小。该协议需要客户端和服务端,而协议中主要有三个角色:发布者(Publisher)、代理者(Broker)、订阅者(Subscriber)。具体关系如图 7.2 所示。

发布者(Publisher):负责发布消息,例如传感器采集数据,然后发送当前传感器的信息。

订阅者(Subscriber):订阅消息,根据获得的传感器数据做出对应的动作。

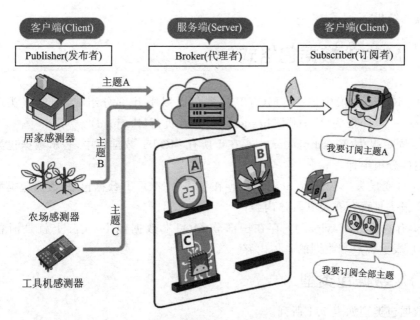

图 7.2　MQTT 协议分析

代理者(Broker)：信息的中转站,负责将信息从发布者传递到订阅者。

其中,消息的发布者和订阅者统称为客户端 Client,消息代理是服务端 Server。一个设备可以同时是消息发布者和订阅者,并且服务端有时候也可以是客户端。

MQTT 传输的消息分为两部分:主题(Topic)和有效负荷(Payload)。

Topic：可以理解为消息的类型,要获取不同种类的消息需要订阅不同的 Topic,订阅者订阅后,就会收到对应主题的消息内容(payload)。

Payload：可以理解为消息的内容,是指订阅者具体要使用的内容。

7.4.2　其他概念

主题筛选器(Topic Filter)：一个对主题名通配符筛选器,在订阅表达式中使用,表示订阅所匹配到的多个主题。

会话(Session)：每个客户端与服务器建立连接后就是一个会话,客户端和服务器之间有状态交互。会话存在于一个网络之间,也可能在客户端和服务器之间跨越多个连续的网络连接。

消息发布服务质量(QoS)：保证消息传递的次数,有 3 种:

① 0：最多 1 次,即≤1。消息发布完全依赖于底层 TCP/IP 网络,会发生消息重复或丢失的情况,这一级别可用于环境传感器的数据传输,丢失一次记录无所谓,不久后还会有第二次发送。

② 1：至少 1 次,即≥1。确保消息到达,但消息可能会重复发送。

③ 2：1 次,即=1。确保消息到达一次,在计费系统中,消息重复或丢失会导致

不正确的结果。

7.5 MQTT 数据包格式

在 MQTT 协议中,一个 MQTT 数据包由以下几部分组成:固定报头(Fixed header) + 可变报头(Variable header) + 有效负荷(Payload)。

① 固定报头(Fixed header):存在于所有 MQTT 数据包中,表示数据包类型及数据包的分组类标志;

② 可变报头(Variable header):存在于部分 MQTT 数据包中,数据包类型决定了可变报头是否存在及其具体内容;

③ 有效负荷(Payload):存在于部分 MQTT 数据包中,实际上就是消息主体(body),表示客户端收到的具体内容。

7.5.1 数据包类型

数据包类型如表 7.1 所列。

表 7.1 数据包类型

名 称	值	流方向	描 述
Reserved	0	—	保留
CONNECT	1	客户端到服务器	客户端请求连接到服务器
CONNACK	2	服务器到客户端	连接确认
PUBLISH	3	双向	发布消息
PUBACK	4	双向	发布确认
PUBREC	5	双向	发布收到(保证第 1 部分到达)
PUBREL	6	双向	发布释放(保证第 2 部分到达)
PUBCOMP	7	双向	发布完成(保证第 3 部分到达)
SUBSCRIBE	8	客户端到服务器	客户端请求订阅
SUBACK	9	服务器到客户端	订阅确认
UNSUBSCRIBE	10	客户端到服务器	请求取消订阅
UNSUBACK	11	服务器到客户端	取消订阅确认
PINGREQ	12	客户端到服务器	PING 请求
PINGRESP	13	服务器到客户端	PING 应答
DISCONNECT	14	客户端到服务器	中断连接
Reserved	15	—	保留

7.5.2　可变报头

可变报文头主要包含协议名、协议版本级别、连接标志(Connect Flags)、心跳间隔时间(Keep Alive Timer)、连接返回码(Connect Return Code)、主题名(Topic Name)等,可变报头的内容因数据包类型的不同而不同。后文在描述常用数据包时再详细讲解。

7.5.3　有效负荷

Payload 消息体为 MQTT 数据包的第三部分,当 MQTT 发送的消息类型是 CONNECT(连接)、SUBSCRIBE(订阅)、SUBACK(订阅确定)、UNSUBSCRIBE(取消订阅)这四种类型时,则会带有负荷(消息体)。还有一种类型 PUBLISH(发布)的有效负荷是可选的。

7.6　创建产品

产品是设备的集合,通常是一组具有相同功能定义的设备集合。例如:产品指同一个型号的产品,设备就是该型号下的某个设备。使用物联网平台的第一步是在控制台创建产品。操作步骤如下:

步骤一:登录物联网平台设备。

① 用浏览器打开阿里云首页链接 https://www.aliyun.com/?spm=a2c44. 11131515.0.0.d041525c7Yb3uA,单击右上方控制台。

② 登录,使用个人淘宝账号登录即可。

③ 开通物联网平台并单击进入。

步骤二:在左侧导航栏,选择“设备管理”→“产品”,单击“创建产品”。

步骤三:根据页面提示填写产品信息,配置参数,然后单击“确认”按钮保存。页面参数设置如表 7.2 所列。

表 7.2　页面参数设置

参　数	描　述
产品名称	为产品命名。产品名称在账号内具有唯一性。例如,可以填写为产品型号。支持中文、英文字母、数字、下画线(_)、连接号(-)、@符号和英文圆括号,长度限制 4～30,一个中文汉字算 2 位
所属品类	相当于产品模板。包括: • 标准品类:物联网平台已为标准品类预定义了功能模板。例如,能源管理>电表品类已预定义用电量、电压、电流、总累积量等电表标准功能。选择该品类,创建的产品具有预定义的功能。用户可以在该产品的产品详情页功能定义页签下,编辑、修改、新增功能 • 自定义品类:产品创建成功后,需根据实际需要,自定义物模型

参　数	描　述
节点类型	产品下设备的类型。包括: • 直连设备:直连物联网平台,且不能挂载子设备,也不能作为子设备挂载到网关下的设备; • 网关子设备:不直接连接物联网平台,而是通过网关设备接入物联网平台的设备; • 网关设备:可以挂载子设备的直连设备。网关具有子设备管理模块,可以维持子设备的拓扑关系,将与子设备的拓扑关系同步到云端
接入网关协议	节点类型选择为网关子设备的参数。表示该产品下的设备作为子设备与网关的通信协议类型。 • 自定义:表示子设备和网关之间是其他标准或私有协议; • Modbus:表示子设备和网关之间的通信协议是 Modbus; • OPC UA:表示子设备和网关之间的通信协议是 OPC UA; • ZigBee:表示子设备和网关之间的通信协议是 ZigBee; • BLE:表示子设备和网关之间的通信协议是 BLE
连网方式	直连设备和网关设备的连网方式。可选: • WiFi; • 蜂窝(2G/3G/4G); • 以太网; • LoRaWAN(首次选择 LoRaWAN 时,需要单击下方提示中的立即授权,前往 RAM 控制台授权 IoT 使用 AliyunIOTAccessingLinkWANRole 角色访问 LinkWAN 服务); • 其他
入网凭证	当连网方式选择为 LoRaWAN 时,需提供入网凭证名称。若无凭证,则单击创建凭证,进入阿里云物联网络管理平台,添加专用凭证,并为凭证授权用户。使用凭证创建的产品,将作为一个节点分组,自动同步到物联网络管理平台的节点分组列表中
数据格式	设备上下行的数据格式。包括: • ICA 标准数据格式(Alink JSON):是物联网平台为开发者提供的设备与云端的数据交换协议,采用 JSON 格式; • 透传/自定义:如果希望使用自定义的串口数据格式,可以选择为透传/自定义。 用户需在控制台提交数据解析脚本,将上行的自定义格式的数据转换为 Alink JSON 格式;将下行的 Alink JSON 格式数据解析为设备自定义格式,设备才能与云端进行通信。 说明:使用 LoRaWAN 接入网关的产品仅支持透传/自定义格式

续表 7.2

参　数	描　述
认证方式	设备接入物联网平台的安全认证方式。产品创建成功后,认证方式不可变更。可选: • 设备密钥:使用物联网平台为设备生成的 DeviceSecret 进行设备认证签名计算。使用 DeviceSecret 签名计算,可参见 MQTT - TCP 连接通信。 • ID^2:ID^2 认证提供设备与物联网平台的双向身份认证能力,通过建立轻量化的安全链路(iTLS)来保障数据的安全性。说明:仅华东 2(上海)地域支持 ID^2 认证方式;连网方式选择为 LoRaWAN 的产品不支持 ID^2 认证方式;选择使用 ID^2 认证,需购买 ID^2 服务。 • X.509 证书:使用 X.509 数字证书进行设备身份认证。说明:仅华东 2(上海)地域支持 X.509 证书;连网方式选择为 LoRaWAN 的产品不支持 X.509 证书。在产品下创建设备后,物联网平台为设备生成唯一的 X.509 证书。用户可以在设备的设备详情页,查看和下载该设备的 X.509 证书
产品描述	可输入文字,用来描述产品信息,字数限制为 100
资源组	将该产品划归为某个资源组。通过资源组管理,可以授予指定子账号查看和操作该产品的权限,而未授权的子账号则不可以查看和操作该产品。产品创建成功后,可以在资源管理控制台变更产品所属的资源组

产品创建成功后,页面自动跳转回产品列表页面。

7.7　产品物模型自定义

物模型(Thing Specification Language,TSL)指将物理空间中的实体数字化,并在云端构建该实体的数据模型。在物联网平台中,定义物模型即定义产品功能。完成功能定义后,系统将自动生成该产品的物模型。

物模型是一个 JSON 格式的文件。它是物理空间中的实体,如传感器、车载装置、楼宇、工厂等在云端的数字化表示,从属性、服务和事件三个维度,分别描述了该实体是什么,能做什么,可以对外提供哪些信息。

物模型将产品功能类型分为三类:属性、服务和事件。定义了这三类功能,即完成了物模型的定义。具体功能如表 7.3 所列。

表 7.3　产品功能类型

功能类型	说　明
属性(Property)	一般用于描述设备运行时的状态,如环境监测设备所读取的当前环境温度等。属性支持 GET 和 SET 请求方式。应用系统可发起对属性的读取和设置请求
服务(Service)	设备可被外部调用的能力或方法,可设置输入参数和输出参数。相比于属性,服务可通过一条指令实现更复杂的业务逻辑,如执行某项特定的任务

功能类型	说　明
事件(Event)	设备运行时的事件。事件一般包含需要被外部感知和处理的通知信息,可包含多个输出参数。如,某项任务完成的信息,或者设备发生故障或告警时的温度等,事件可以被订阅和推送

产品物模型填写的具体功能如图 7.3 所示。

图 7.3　物模型功能填写

用户也可以根据自身的需求继续添加功能。添加完所有功能后单击"发布更新"按钮,版本号自己定义即可,然后就可以单击"确定"按钮。

7.8 创建单个设备

在左侧导航栏,选择"设备管理"→"设备",单击"添加设备",在弹出的对话框中输入设备信号,单击"确认"按钮完成。

确认后弹出的设备证书信息(ProductKey、DeviceName 和 DeviceSerect)需要记录保存下来,以便于后续接入平台时使用。若初学者不小心将其关闭也没关系,相关信息在产品设备中能够找到。

当前的设备证书信息如下:

```
{
    "ProductKey":"a16kl8U****",
    "DeviceName":"esp32",
    "DeviceSecret":"vTf6*****************************"
}
```

设备证书相关参数说明如表 7.4 所列。

表 7.4 设备证书参数说明

参　数	说　明
ProductKey	设备所隶属产品的 Key,即物联网平台为产品颁发的全局唯一标识符
DeviceName	设备在产品内的唯一标识符。DeviceName 与设备所属产品的 ProductKey 组合,作为设备标识,用来与物联网平台进行连接认证和通信
DeviceSecret	物联网平台为设备颁发的设备密钥,用于认证加密。需与 DeviceName 成对使用

此外,用户也可以在设备列表中,单击设备对应的"查看"按钮,进入设备详情页"设备信息"页签下,查看设备信息,在运行状态中可以看到自定义的温度功能,如图 7.4 所示。

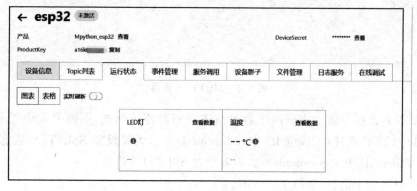

图 7.4 自定义功能

7.9 使用 MQTT.fx 接入物联网平台前提条件

本节以 MQTT.fx 为例,介绍使用第三方软件以 MQTT 协议接入物联网平台。MQTT.fx 是一款基于 Eclipse Paho、使用 Java 语言编写的 MQTT 客户端工具,支持通过 Topic 订阅和发布消息。

已在物联网平台控制台创建产品和设备,并获取设备证书信息(ProductKey、DeviceName 和 DeviceSerect)。创建产品和设备具体操作细节,请参考创建产品、单个创建设备和批量创建设备。

上文创建产品设备后设备证书信息如下(以自己的设备为准,下文将以此作为示例做讲解):

```
"ProductKey": "a16k18UtC**",
"DeviceName": "esp32",
"DeviceSecret": "vTf6dNmTCVcta9RTJmAILk5u4lbXZ9**"
```

7.10 使用 MQTT.fx 接入

① 访问 MQTT.fx 官网,下载并安装 MQTT.fx 软件。
② 打开 MQTT.fx 软件,单击设置图标,如图 7.5 所示。

图 7.5 MQTT.fx 界面

③ 设置连接参数。物联网平台目前支持两种连接模式,不同模式设置参数不同。其中,TCP 直连: Client ID 中 securemode=3,无需设置 SSL/TLS 信息;TLS 直连: Client ID 中 securemode=2,需要设置 SSL/TLS 信息。

ⓐ 设置基本信息,如图 7.6 所示。

基本信息参数的相关说明如表 7.5 所列。

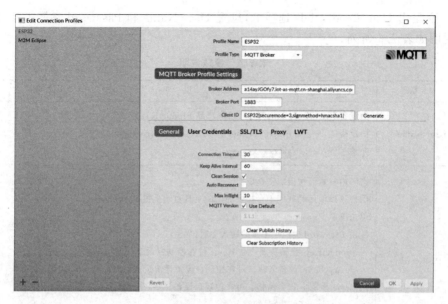

图 7.6　设置基本信息

表 7.5　基本信息参数

参　数	说　明
Profile Name	输入自定义名称
Profile Type	选择为 MQTT Broker
MQTT Broker Profile Settings	
Broker Address	连接域名。 格式：$\${YourProductKey}.iot-as-mqtt.\${region}.aliyuncs.com$。 其中，$\${region}$需替换为用户物联网平台服务所在地域的代码。地域代码，请参见地域和可用区。示例：al$xxxxxxxxx.iot-as-mqtt.cn-shanghai.aliyuncs.com$
Broker Port	设置为：1883
Client ID	填写 mqttClientId，用于 MQTT 的底层协议报文。 格式固定：$\${clientId}\|securemode=3,signmethod=hmacsha1\|$。 完整示例：$12345\|securemode=3,signmethod=hmacsha1\|$。 • $\${clientId}$为设备的 ID 信息。可取任意值，长度在 64 字符以内。建议使用设备的 MAC 地址或 SN 码。 • securemode 为安全模式，TCP 直连模式设置为 securemode=3，TLS 直连模式设置为 securemode=2。 • signmethod 为算法类型，支持 hmacmd5 和 hmacsha1。 说明：输入 Client ID 信息后，请勿单击 Generate 按钮
General 选项卡下的设置项可保持系统默认，也可以根据用户的具体需求设置	

ⓑ 单击 User Credentials 选项卡，设置 User Name 和 Password 参数。参数相关说明如表 7.6 所列。

表 7.6　参数说明

参　数	说　明
User Name	由设备名 DeviceName、符号（&）和产品 ProductKey 组成。 固定格式：$\{YourDeviceName\}$&$\{YourPrductKey\}$。 完整示例：device&alxxxxxxxxxx
Password	密码由参数值拼接加密而成。 用户可以使用物联网平台提供的生成工具自动生成 Password。 单击下载 Password 生成小工具。 使用 Password 生成小工具的输入参数： • productKey：设备所属产品 Key。可在控制台设备详情页查看。 • deviceName：设备名称。可在控制台设备详情页查看。 • deviceSecret：设备密钥。可在控制台设备详情页查看。 • timestamp：（可选）时间戳。 • clientId：设备的 ID 信息，与 Client ID 中 $\{clientId\}$一致。 • method：选择签名算法类型，与 Client ID 中 signmethod 确定的加密方法一致

Password 生成工具：

打开"软件工具\mqttfx\mqtt 签名工具\sign. html"，按照表 7.6 所列参数规则填入信息后单击 Generate 按钮，如图 7.7 所示。

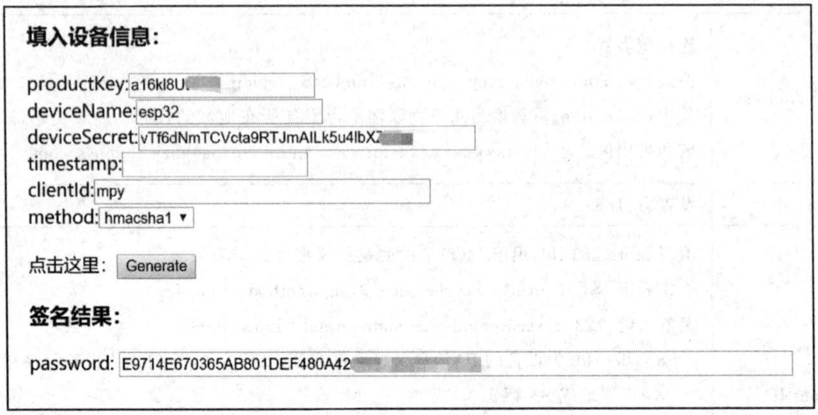

图 7.7　获取密码

最终得到：

```
User Name：esp32&a14ayJGOf ＊＊；
Password：E9714E670365AB801DEF480A420B8C4D2E7F0C ＊＊。
```

这两个参数结果在后续进行 MQTT 连接时需要用到。

　　ⓒ(可选)TCP 直连模式(即 securemode＝3)下,无需设置 SSL/TLS,直接进入下一步。TLS 直连模式(即 securemode＝2)下,需要设置 SSL/TLS 信息。勾选 Enable SSL/TLS 选项;通过下拉列表框设置 Protocol,建议设置为 TLSv1.2。具体设置如图 7.8 所示。

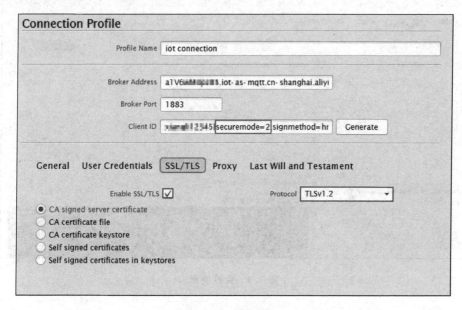

图 7.8　设置模式

　　ⓓ 填写完成后,单击 OK 按钮。

　　④ 设置完成后,单击 Connect 按钮进行连接,连接成功后右上角会有解锁的标志。

7.11　下行通信测试

　　从物联网平台发送消息,在 MQTT.fx 上接收消息,测试 MQTT.fx 与物联网平台连接是否成功 。

　　① 在 MQTT.fx 上,单击 Subscribe。

　　② 输入一个设备具有订阅权限的 Topic,单击 Subscribe,订阅这个 Topic,具体是否具有订阅权限的 Topic 可以在阿里云网页平台上找到。订阅成功后,该 Topic 将显示在列表中。

　　③ 在物联网平台控制台中,该设备的设备详情页,Topic 列表下,单击已订阅的 Topic 对应的发布消息操作按钮。

　　④ 在消息框内输入消息内容,单击"确认"按钮即可发送数据到 MQTT 上。

⑤ 回到 MQTT.fx，查看是否接收到消息，如图 7.9 所示，右下角黑色接收框就是刚刚从网页端发送过来的数据。

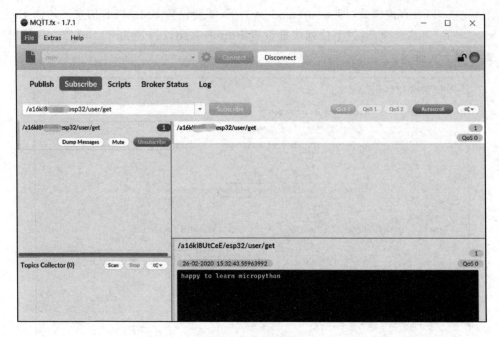

图 7.9 查看消息

7.12 上行通信测试

在 MQTT.fx 上发送消息，通过查看设备日志，测试 MQTT.fx 与物联网平台连接是否成功 。

① 在 MQTT.fx 上，单击 Publish。

② 输入一个设备具有发布权限的 Topic，和要发送的消息内容，单击 Publish，向这个 Topic 推送一条消息，具体是否具有发布权限的 topic 可以在阿里云网页平台上找到。

③ 在物联网平台控制台中，该设备的设备详情→日志服务→上行消息分析栏下，查看上行消息。

用户还可以复制 MessageID，在消息内容查询中，选择原始数据查看具体消息内容，单击 MessageID 后可以看到具体信息，如图 7.10 所示。

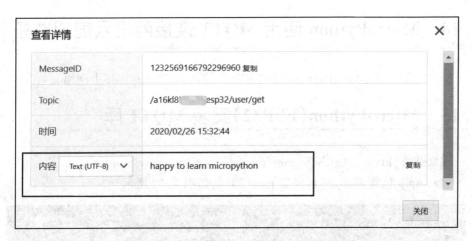

图 7.10　查看 MQTT. fx 发送过来的信息

7.13　查看日志

在 MQTT. fx 上，单击 Log 查看操作日志和错误提示日志，如图 7.11 所示。

图 7.11　操作日志和错误提示日志

7.14 MicroPython 使用 MQTT 连接阿里云前期准备

ESP32 刷入了 MicroPython,通过 REPL 控制 ESP32 并连接上网络。

7.15 MicroPython(ESP32)安装 MQTT 库

网页链接:https://github.com/micropython/micropython-lib。

导入 upip 包管理器,然后安装 mqtt 即可,如图 7.12 所示。

```
>>> upip.install("umqtt.simple")
Installing to: /lib/
Warning: micropython.org SSL certificate is not validated
Installing umqtt.simple 1.3.4 from https://micropython.org/pi/umqtt.simple/umqtt.simple-1.3.4.tar.gz
>>>
```

图 7.12 导入 upip 包管理器

这样 umqtt.simple 这个包就安装好了。

7.16 MicroPython 连接阿里云服务器

接下来,开始用 ESP32 连接阿里云服务器。前文在阿里云创建了产品设备后,若没有任何实际设备接入时,则是离线的状态。

现在将 MicroPython(ESP32)通用 MQTT 连接上去后,就会变成在线状态。下面介绍如何操作。

7.16.1 方 法

第一步:实例化 MQTTClient 对象。如下:

MQTTClient(self, client_id, server, port=0, user=None, password=None, keepalive=0, ssl=False, ssl_params={})

用户需要输入 client_id, server, port, user, password, keepalive 这 6 个参数。其中,keepalive 不能为 0,否则会连接不上阿里云;client_id, server, port, user, password 这 5 个参数就是前文在阿里云创建的产品设备后得到的证书信息组成变化而来的。

示例代码如下:

```
from umqtt.simple import MQTTClient
ProductKey = "a16kl8UtC**"
DeviceName = "esp32"
```

```
DeviceSecret = "vTf6dNmTCVcta9RTJmAILk5u4lbXZ9 * *"
ClientID = "mpy|securemode = 3,signmethod = hmacsha1|"
BrokerAddr = ProductKey + ".iot - as - mqtt.cn - shanghai.aliyuncs.com"
Port = 1883
User = DeviceName + '&' + ProductKey
PassWord = "E9714E670365AB801DEF480A420B8C4D2E7F0C * *"
client = MQTTClient(client_id = ClientID, server = BrokerAddr,port = Port,user = Us-
er,password = PassWord,keepalive = 60)
```

第二步:连接。示例代码如下:

```
client.connect()
```

7.16.2　运　行

运行结果如图 7.13 所示。

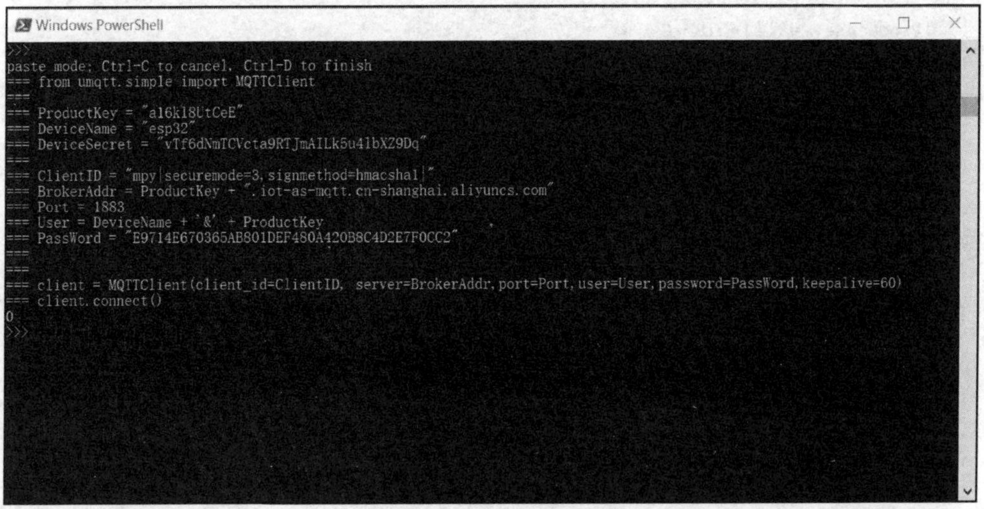

图 7.13　运行结果

代码运行无误后就可以看到有在线设备了。至此,已经成功地通过 MQTT 协议让 MicroPython(ESP32)连接了阿里云服务器,并登录了自创建的产品设备。

7.17　MicroPython(ESP32)作 MQTT 订阅者

连接(connect)成功后,就可以订阅一个 Topic,从而可以接收到服务器端发送的对应这个 Topic 的信息。

打开阿里云设备,找到物理型通信 Topic。

订阅用于属性设置的 Topic(每个人的设备的 Topic 都可能是不同的),代码如下:

```
TOPIC = b"/sys/a16kl8UtC**/esp32/thing/service/property/set"
client.subscribe(TOPIC)
```

当有订阅的消息传输过来,可以使用 set_callback 函数实现及时接收,代码如下:

```
def mqtt_callback(topic, msg):
    print('topic: {}'.format(topic))
    print('msg: {}'.format(msg))
client.set_callback(mqtt_callback)
```

示例代码如下:

```
from umqtt.simple import MQTTClient
ProductKey = "a16kl8UtC**"
DeviceName = "esp32"
DeviceSecret = "vTf6dNmTCVcta9RTJmAILk5u4lbXZ9**"
ClientID = "mpy|securemode=3,signmethod=hmacsha1|"
BrokerAddr = ProductKey + ".iot-as-mqtt.cn-shanghai.aliyuncs.com"
Port = 1883
User = DeviceName + '&' + ProductKey
PassWord = "E9714E670365AB801DEF480A420B8C4D2E7F0C**"
TOPIC = b"/sys/a16kl8UtCeE/esp32/thing/service/property/set"
def mqtt_callback(topic, msg):
    print('topic: {}'.format(topic))
    print('msg: {}'.format(msg))
client = MQTTClient(client_id=ClientID, server=BrokerAddr, port=Port, user=User, password=PassWord, keepalive=60)
client.set_callback(mqtt_callback)
client.connect()
client.subscribe(TOPIC)
while True:
    if True:
        # Blocking wait for message
        client.wait_msg()
    else:
        # Non-blocking wait for message
        client.check_msg()
        # Then need to sleep to avoid 100% CPU usage (in a real
        # app other useful actions would be performed instead)
        time.sleep(1)
```

运行代码后打开服务器调试界面,设置 LED 灯后点击发送指令。

然后就可以看到,板子输出了信息,也就是说,MicroPython(ESP32)无线接收了阿里云服务器信息,这时的 MicroPython(ESP32)是作为 MQTT 订阅者。具体效果如图 7.14 所示。

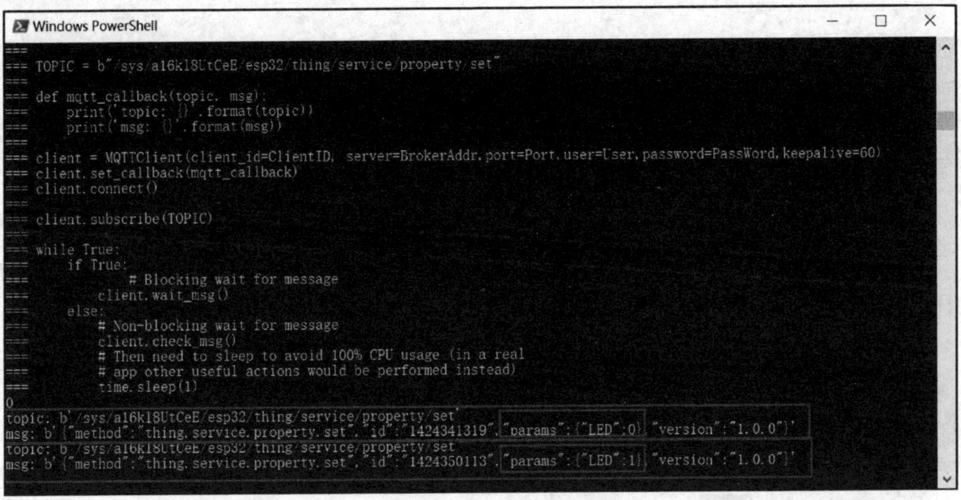

图 7.14　ESP32 接收信息

7.18　MicroPython(ESP32)作 MQTT 发布者

MicroPython 作为发布者,选择属性上报功能的 Topic。成功连接后,就可以发布消息到服务器。比如,创建的设备具有温度采集功能,想把采集的温度信息实时上报到服务器,通过服务器端查看。

示例代码如下:

```
from umqtt.simple import MQTTClient
import time
ProductKey = "a16kl8UtC**"
DeviceName = "esp32"
DeviceSecret = "vTf6dNmTCVcta9RTJmAILk5u4lbXZ9**"
ClientID = "mpy|securemode=3,signmethod=hmacsha1|"
BrokerAddr = ProductKey + ".iot-as-mqtt.cn-shanghai.aliyuncs.com"
Port = 1883
User = DeviceName + '&' + ProductKey
PassWord = "E9714E670365AB801DEF480A420B8C4D2E7F0C**"
TOPIC = b"/sys/a16kl8UtCeE/esp32/thing/service/property/set"
def mqtt_callback(topic, msg):
```

```
      print('topic: {}'.format(topic))
      print('msg: {}'.format(msg))
  client = MQTTClient(client_id = ClientID, server = BrokerAddr,port = Port,user = Us-
er,password = PassWord,keepalive = 60)
  client.set_callback(mqtt_callback)
  client.connect()
  temperature = 28.3
  #将要发送的消息
  send_msg = '{"params": {"Temp": % s}}' % (temperature)
  client.publish(topic = "/sys/a16kl8UtCeE/esp32/thing/event/property/post", msg =
send_msg,qos = 1, retain = False)
```

注意：将要发送的消息 send_msg 格式必须符合 JSON 格式。

Temp 解释：这是一个 key,名称不是随意的,是根据用户在阿里云产品设备的功能定义中定义的标识符,如图 7.15 所示。

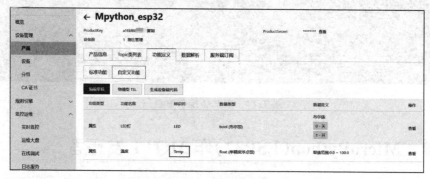

图 7.15　选择标识符

运行代码结果如图 7.16 所示。

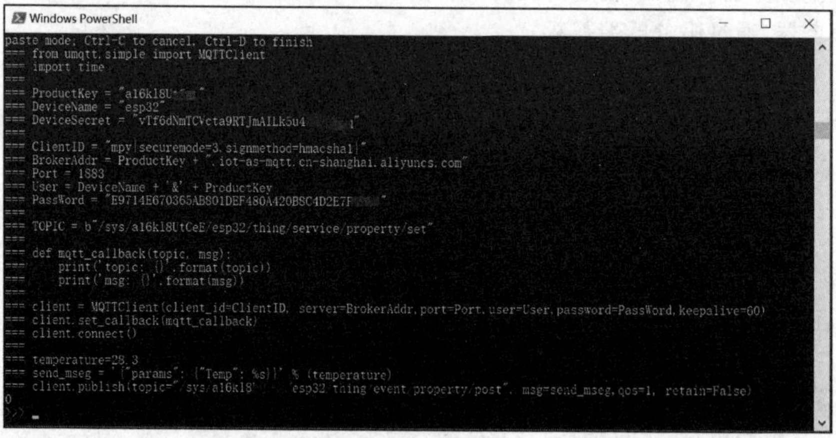

图 7.16　运行结果

成功后即可在服务器端查看到上报的温度信息。

第**8**章

MicroPython for STM32F4

8.1 源码下载

源码地址：https：//github. com/micropython/micropython。进入网页可以看到一堆文件夹，如图 8.1 所示，这个就是源码，并且是最新的，持续在更新。

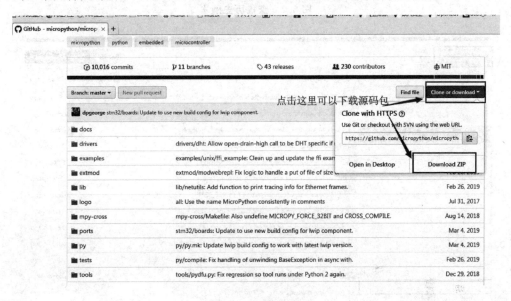

图 8.1 源码下载

由于 1.9.3 版本后的源码把 stm32 的 lib 删除了，但是源码里还需要用到 stm32 的库函数，所以需要手动添加，并且 1.8.4 版本后的 Makefile 需要自己修改，因此，建议初学者不要追求新版本，可以下载历史版本的源码来使用，避免花费大量时间在编译源码上。本书下载 1.8.2 版本的源码进行移植，具体下载步骤如图 8.2～8.4 所示。

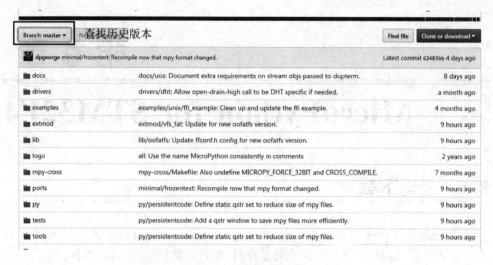

图 8.2　查找历史版本

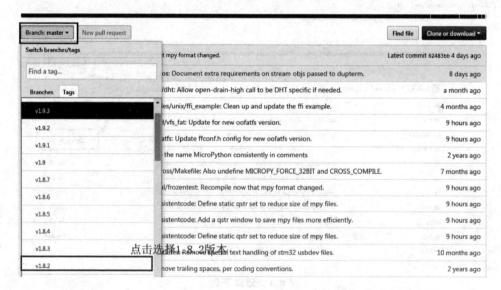

图 8.3　选择历史版本

　　下载后得到一个压缩包 micropython-1.8.2.zip，解压出来就是 MicroPython 源码了。源码目录如图 8.5 所示。

　　目录的说明可以在 README. md 文件中查看,初学者需要关注的目录文件,如表 8.1 所列。

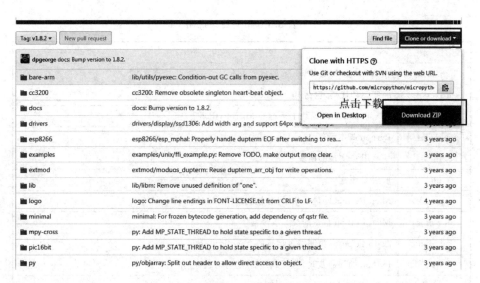

图 8.4　下　载

名称	修改日期	类型	大小
bare-arm	2019/3/5 12:55	文件夹	
cc3200	2019/3/5 12:55	文件夹	
docs	2019/3/5 12:55	文件夹	
drivers	2019/3/5 12:55	文件夹	
esp8266	2019/3/5 12:55	文件夹	
examples	2019/3/5 12:55	文件夹	
extmod	2019/3/5 12:55	文件夹	
lib	2019/3/5 12:55	文件夹	
logo	2019/3/5 12:55	文件夹	
minimal	2019/3/5 12:55	文件夹	
mpy-cross	2019/3/5 12:55	文件夹	
pic16bit	2019/3/5 12:55	文件夹	
py	2019/3/5 12:55	文件夹	
qemu-arm	2019/3/5 12:55	文件夹	
stmhal	2019/3/5 12:56	文件夹	
teensy	2019/3/5 12:56	文件夹	
tests	2019/3/5 12:56	文件夹	
tools	2019/3/5 12:56	文件夹	
unix	2019/3/5 12:56	文件夹	
windows	2019/3/5 12:56	文件夹	
.gitattributes	2016/7/10 19:46	GITATTRIBUTES ...	1 KB
.gitignore	2016/7/10 19:46	GITIGNORE 文件	1 KB
.gitmodules	2016/7/10 19:46	GITMODULES 文...	1 KB
.travis.yml	2016/7/10 19:46	YML 文件	3 KB
ACKNOWLEDGEMENTS	2016/7/10 19:46	文件	43 KB
CODECONVENTIONS.md	2016/7/10 19:46	MD 文件	4 KB
CONTRIBUTING.md	2016/7/10 19:46	MD 文件	1 KB
LICENSE	2016/7/10 19:46	文件	2 KB
README.md	2016/7/10 19:46	MD 文件	7 KB

图 8.5　源码目录

表 8.1　相关目录说明

目　录	说　　明
bara-arm/	在 ARM 上 MicroPython 的最低版本
drivers/	一些驱动代码,包括 SD 卡、LCD 等
esp8266/	在 esp8266WiFi 模块上运行的 MicroPython
examples/	Python 脚本示例
extmod/	一些用 C 实现的模块
lib/	底层 C 库
minimal/	MicroPython 的最小集,可移植到其他 MCU
mpy-cross	MicroPython 自带的交叉编译器
pic16bit	在 16 位 pic 微控制器上运行的 MicroPython
py/	Python 的核心实现,包括编译器、运行时、核心库
stmhal/	在 shtm32 上运行的 MicroPython
tool/	工具;包含 Pyboard 模块,可通过此模块在板子上运行 Python 脚本;还有 dfu 工具
unix/	在 UNIX 上运行的 MicroPython

8.2　MicroPython 编译环境搭建

8.2.1　VMware 安装

8.2.1.1　下　载

VMware 虚拟机的官方下载地址:https://www.vmware.com/cn.html,进入该网站后,依次单击"下载"→Workstation Pro,即可进入下载页面,如图 8.6 所示。

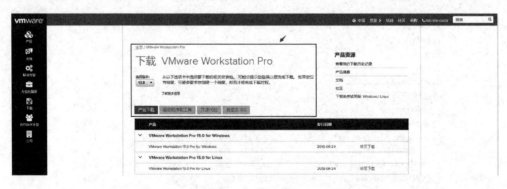

图 8.6　下载 VMware

本书以安装 VMware Workstation Pro 12 专业版为例,不同版本之间安装操作基本一致。

8.2.1.2　安　装

第 1 步：将已从官网下载的"VMware. Workstation. v12. 0. 0. Win. rar"进行解压，然后进入解压后的目录。注意：解压存放的路径为非中文路径。

双击"VMware-workstation-full-12.0.0-2985596. exe"，启动 VMware Workstation 12 Pro 安装程序，如图 8.7 所示。

VMware-workstation-full-12.0.0-2985...

图 8.7　安装程序

第 2 步：在弹出的"安装向导"窗口中，单击"下一步"按钮进入下一环节。

第 3 步：在弹出的"最终用户许可协议"窗口中，勾选"我接受许可协议中的条款"复选框，然后单击"下一步"按钮。

第 4 步：在弹出的"自定义安装"窗口中，单击"更改"按钮选择 VMware Workstation 的安装目录（本书中安装目录：C:\PythonTool\VMware12\install），更改好路径后，单击"下一步"按钮。

第 5 步：进入"用户体验设置"界面后，直接单击"下一步"按钮。

第 6 步：进入"快捷方式"界面，直接单击"下一步"按钮；当进入到"安装"界面后，直接单击"下一步"按钮。

第 7 步：单击"安装"按钮后，即可进入安装进度界面，当安装完成后，单击"完成"按钮。

第 8 步：当完成 VMware 安装后，进入"安装向导已完成"界面，在该界面上单击"许可证"按钮，将弹出"输入许可证秘钥"窗口，在文本框中输入"5A02H - AU243 - TZJ49 - GTC7K - 3C61N"，最后单击"输入"按钮，即可完成破解。

第 9 步：成功输入许可证密钥后，单击"完成"按钮，即可完成 VMware Workstation Pro 12 的安装。

第 10 步：单击桌面上的 VMware Workstation 图标，即可进入 VMware 操作界面，如图 8.8 所示。

第 11 步：若要查看 VMware. exe 应用程序文件，则可进入 C:\PythonTool\VMware12\install，如图 8.9 所示。

至此，VMware Workstation Pro 12 就已安装完毕。

8.2.2　Ubuntu 安装到 VMware

若要在 VMware 中运行 Linux 系统，需要将 Linux 系统安装到 VMware 虚拟机中。本书以把 Ubuntu16.04 安装到 VMware 虚拟机中为教程进行图文讲解，共分为三个步骤，分别是：创建新的虚拟机、安装 Ubuntu 系统、安装 VMware Tools。

VMware Workstation
文件(F) 编辑(E) 查看(V) 虚拟机(M) 选项卡(T) 帮助(H)
主页
我的计算机
共享的虚拟机
WORKSTATION 12 PRO
创建新的虚拟机
打开虚拟机
连接远程服务器
连接到 VMware vCloud Air
vmware

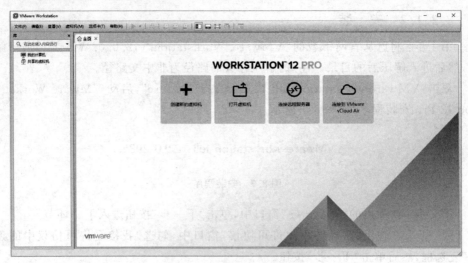

图 8.8 VMware 操作界面

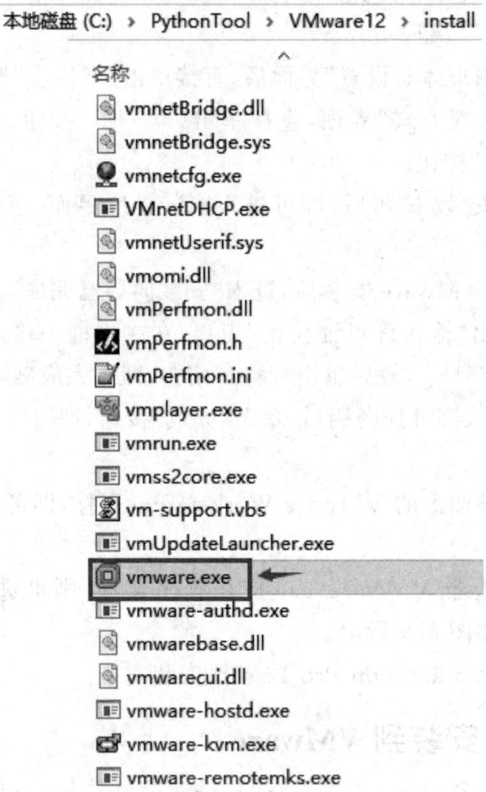

本地磁盘 (C:) › PythonTool › VMware12 › install
名称
vmnetBridge.dll
vmnetBridge.sys
vmnetcfg.exe
VMnetDHCP.exe
vmnetUserif.sys
vmomi.dll
vmPerfmon.dll
vmPerfmon.h
vmPerfmon.ini
vmplayer.exe
vmrun.exe
vmss2core.exe
vm-support.vbs
vmUpdateLauncher.exe
vmware.exe
vmware-authd.exe
vmwarebase.dll
vmwarecui.dll
vmware-hostd.exe
vmware-kvm.exe
vmware-remotemks.exe

图 8.9 VMware 应用程序

8.2.2.1　创建新的虚拟机

虚拟机(Virtual Machine)指通过软件模拟的具有完整硬件系统功能的、运行在一个完全隔离环境中的完整计算机系统。创建新的虚拟机的基本步骤如下：

第 1 步：安装完毕 VMware 之后，打开 VMware 虚拟机，单击"创建新的虚拟机"，如图 8.10 所示。

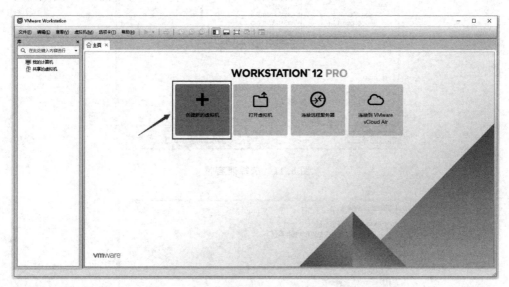

图 8.10　创建新的虚拟机

第 2 步：进入"欢迎使用新建虚拟机向导"界面后，需要注意"典型"安装方式容易出现各种各样的问题，因此本书建议选择"自定义"安装，然后单击"下一步"按钮。

第 3 步：进入"选择虚拟机硬件兼容性"界面后，需要注意两点：①若计算机硬件版本较老(如好多年以前购买的计算机)，则可选硬件兼容性为"Workstation 6.5 - 7.x"，这个版本的兼容性良好；②若计算机硬件版本较新(如 2016 年之后购买的计算机)，则可选择硬件兼容性为"Workstation 12.0"(亲测选择硬件兼容性为"Workstation 6.5 - 7.x"会出现各种各样的问题，请勿怀疑!)。为了统一管理，本书推荐选择硬件兼容性为"Workstation 12.0"，然后单击"下一步"按钮，如图 8.11 所示。

第 4 步：在"安装客户机操作系统"界面中，选择"稍后安装操作系统"选项，并单击"下一步"按钮。

第 5 步：进入"选择客户机操作系统"界面后，"客户机操作系统"选择 Linux，然后在"版本"选项中，若计算机操作系统为 32 位，则可选择 Ubuntu(即 32 位)；若计算机操作系统为 64 位，则可选择 Ubuntu 64 位。当然，在计算机操作系统为 64 位时，同样也是兼容 32 位的 Ubuntu 的，因此，为了统一管理，都统一选择 Ubuntu。选择完毕后，单击"下一步"按钮，如图 8.12 所示。

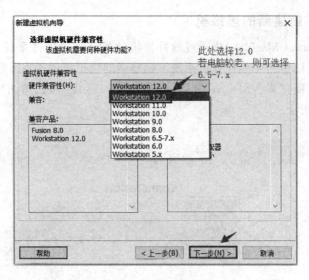

图 8.11　选择兼容性

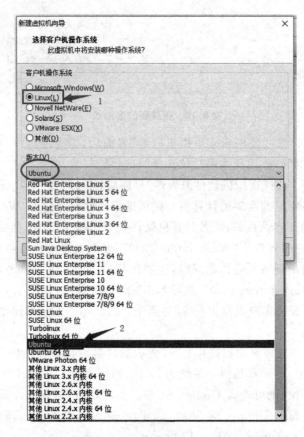

图 8.12　选择客户机操作系统

第 6 步：当进入"命名虚拟机"界面后，"虚拟机名称"可设定为任意非中文的名称，此处设置为 Ubuntu_XYD；"位置"表示希望虚拟机安装所在位置（可随意设定，但要保证有足够的存储空间，一般不少于 20 GB），此处"位置"设置为 C:\PythonTool\Ubuntu16_04\Ubuntu_XYD。设定完毕后，单击"下一步"按钮，如图 8.13 所示。

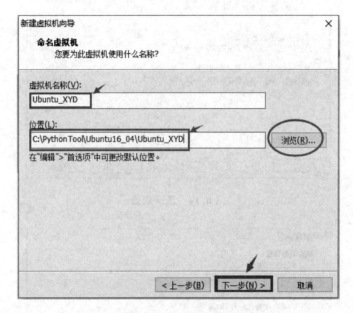

图 8.13　命名虚拟机

第 7 步：当进入"处理器配置"界面后，建议"处理器数量"设定为 2，"每个处理器的核心数量"设定为 2，这主要是能让虚拟机启动速度变快。设定完毕后，单击"下一步"按钮。

第 8 步：当进入"此虚拟机的内存"界面后，设定此虚拟机的内存为 2 048 MB（即 2 GB）。

第 9 步：当进入"网络类型"界面后，勾选"使用桥接网络"选项，安装的 Ubuntu 系统才能连接上网络，然后单击"下一步"按钮。

第 10 步：当进入"选择 I/O 控制器类型"界面后，直接单击"下一步"按钮；当进入"选择磁盘类型"界面后，直接单击"下一步"按钮。

第 11 步：当进入"选择磁盘"界面后，直接单击"下一步"按钮，如图 8.14 所示；当进入"指定磁盘容量"界面后，"最大磁盘大小"设定为 20 GB 或 40 GB 都可以（此处设定为 40 GB），直接单击"下一步"按钮，如图 8.15 所示。

第 12 步：当进入"指定磁盘文件"界面后，直接单击"下一步"按钮；当进入"已准备好创建虚拟机"界面后，单击"自定义硬件"按钮。

第 13 步：在"自定义硬件"界面中，选中"新 CD/DVD（IDE）"，然后选中"使用 ISO

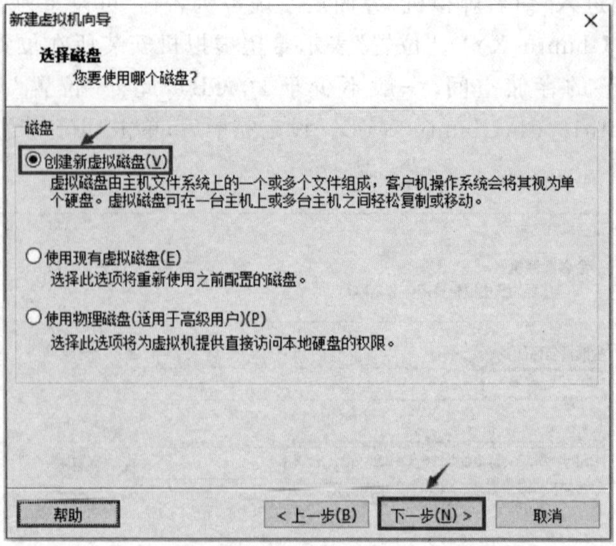

图 8.14　选择磁盘

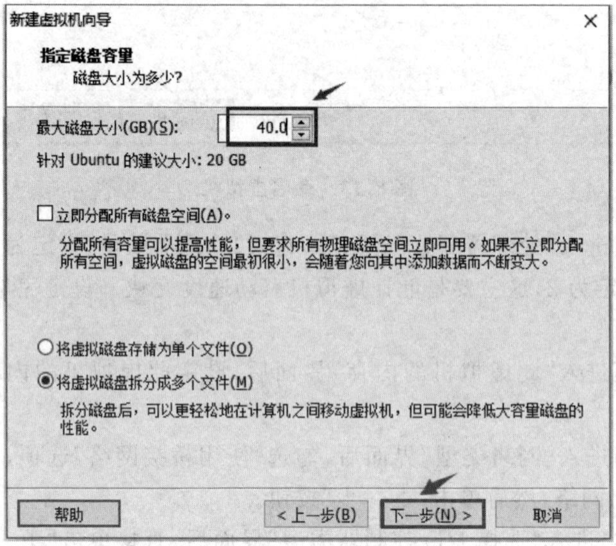

图 8.15　磁盘容量

映像文件”，再单击“浏览”按钮去选择.iso 文件，此处的 ubuntu-16.04.3-desktop-i386.iso 存放路径为 C:\PythonTool\Ubuntu16_04。当成功选择该路径后，单击“关闭”按钮即可关闭该界面，如图 8.16 所示。

第 14 步：进入“已准备好创建虚拟机”界面后，单击“完成”按钮。

第 15 步：至此，就已成功创建新的虚拟机并已配置好虚拟机相关信息，且可看

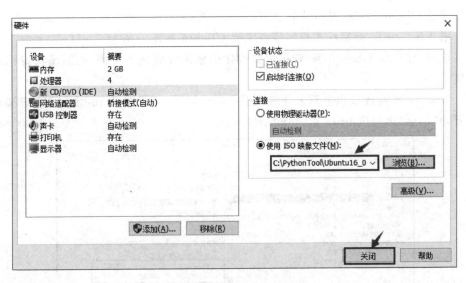

图 8.16　选择镜像文件

到创建好的虚拟机名称为 Ubuntu_XYD，如图 8.17 所示。

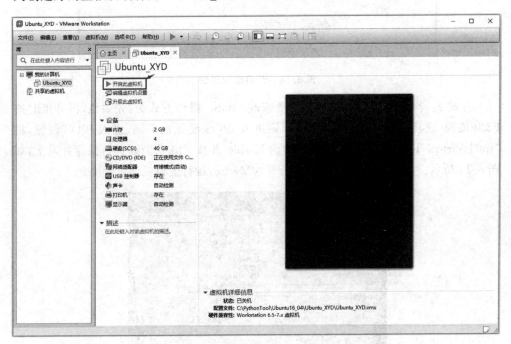

图 8.17　建立好的虚拟机界面

8.2.2.2　安装 Ubuntu 系统

当成功创建好虚拟机后，接下来就可以开启了。在首次单击"开启此虚拟机"时，

需要安装 Ubuntu 系统,基本步骤如下:

第 1 步:单击"开启虚拟机",准备安装 Ubuntu 系统。

注意,在安装 Ubuntu 前,若提示虚拟化引擎未开启或不可用,则需编辑虚拟机设置。

方式 1:出现虚拟化引擎未开启或不可用的问题,可按图 8.18 所示修改虚拟机设置,并勾选"虚拟机 Intel VT-x..."。

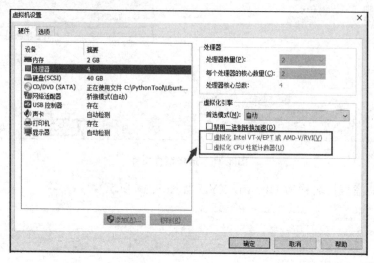

图 8.18　开启虚拟引擎

方式 2:若上述方式行不通,则需要修改 BIOS。操作方式为:先关机,再开机时按 F2 功能键(或其他键,计算机品牌不同则进入 BIOS 设置也不同)进入 BIOS 设置,将 "Intel Virtual Technology"从 Disable 改为 Enable,并按 F10 功能键进行保存并退出,如图 8.19 所示。计算机会重启,然后再打开 VMware,运行虚拟机即可解决。

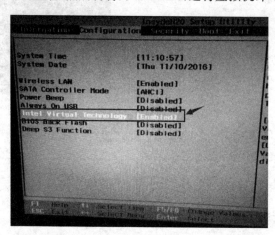

图 8.19

第 2 步：启动虚拟机后，启动过程可能需要等 1～3 分钟。然后进入开始安装 Ubuntu，进入 Welcome 页面，选择语言为"中文（简体）"并单击"Install Ubuntu"按钮进行安装系统。

第 3 步：当进入到"准备安装 Ubuntu"界面后，直接单击"继续"按钮即可。

第 4 步：当进入到"安装类型"界面后，若没安装过 Ubuntu 系统，则可选择"清除整个磁盘并安装 Ubuntu"（此处默认选择该选项），然后单击"现在安装"按钮。在弹出的"将改动写入磁盘吗？"界面中，直接单击"继续"按钮。

第 5 步：当进入到位置选择界面时，选择"Shanghai"即可，然后单击"继续"按钮。

第 6 步：在"键盘布局"界面中，选择"汉语"即可。

第 7 步：进入到"您是谁"界面时，则需要输入姓名、用户名和密码等信息。此处，姓名设定为 Jimy，密码设置为 xyd118，设定完毕后，单击"继续"按钮。

第 8 步：完成上述操作后，则进入了 Ubuntu 安装进度界面，在该界面中需要等待 10～40 分钟进行安装。

第 9 步：安装完成后，会提示重启，若想要让 Ubuntu 立即生效且使用，则需要重启计算机。

第 10 步：当重新启动计算机后，打开 VMware 虚拟机，并单击"开启此虚拟机"，如图 8.20 所示。

启动虚拟机后，需要输入密码才能进入到 Ubuntu 系统。需要注意，输入的密码就是在第 7 步设定的密码，此处输入 xyd118。成功输入密码后，则可进入到 Ubuntu 系统，如图 8.21 所示。

第 11 步：当第一次进入 Ubuntu 系统桌面时，菜单栏是没有显示终端图标的。若要打开终端，则需要右击→打开终端。

第 12 步：打开终端，可以输入相关命令行，若要进行 Python 程序 shell 编写程序代码，则可输入 python 或 python2 或 python3 或 ipython，其

图 8.20　开启虚拟机

中，python 和 python2 对应的是 Python2 系列版本，python3 对应的是 Python3 系列版本。此处，以输入 python 命令为例，若要关闭终端，则可单击右上角的 × 进行关闭。

第 13 步：当打开"终端"后，为了方便使用终端，则可将"终端"图标拖动至菜单栏的最顶部。

第 14 步：至此，Ubuntu16.04 版本的系统就已成功安装在 VMware 虚拟机上了。特别要注意的是，进入 Ubuntu 系统后，鼠标是移动不到计算机本身系统中的

图 8.21　Ubuntu 系统界面

（如 Windows 等）。若要从 Ubuntu 系统中释放鼠标，则需同时按住 Ctrl＋Alt 组合键从虚拟机中释放鼠标，这点需要特别注意。

8.2.2.3　安装 VMware Tools

当创建新的虚拟机和安装 Ubuntu 系统成功后，为了方便宿主机与客户机的文件交换等，建议安装 VMware Tools。VMware Tools 安装完成后，系统桌面即会自动调整以适应当前的显示器（注意：完成上述操作后，Ubuntu 系统桌面显示为一小块）。安装 VMware Tools，基本步骤如下：

第 1 步：在 VMware 虚拟机窗口中，单击"虚拟机"→"安装 VMware Tools..."。

第 2 步：在弹出的提示框中，单击"是"按钮，此时就已进入了 VMware Tools 的安装，需要耐心等待几分钟。

第 3 步：当下载 VMware Tools 安装包成功后，如图 8.22 所示。

第 4 步：打开终端，执行下列操作（注：命令行可使用 Tab 键补全）：

① 进入到下载的 VMware Tools 路径下，执行命令：cd /media/jimy/VMware Tools；

② 使用 ls 命令查看该目录下的所有文件，执行命令：ls；

图 8.22　VMware Tools 安装包

③ 将 VMware Tools－10.0.0－2977863. tar. gz 解压到 C:/temp/目录下，执行命令：sudo tar － xf VMware Tools － 10. 0. 0 － 2977863. tar. gz － C /tmp/，此时要获

得管理员权限,需要输入本机密码 xyd118;

　　④ 继续跳转到/tmp/vmware－tools－distrib/目录,执行命令:cd /tmp/vmware－tools－distrib/;

　　⑤ 安装 VMware Tools,执行命令:sudo ./vmware－install.pl;

　　⑥ 进入这步后,一定要手动输入 yes,如图 8.23 所示。

```
open-vm-tools are available from the OS vendor and VMware recommends using
open-vm-tools. See http://kb.vmware.com/kb/2073803 for more information.
Do you still want to proceed with this legacy installer? [no] yes
```

图 8.23　手动输入

　　⑦ 之后的步骤,持续按下 Enter 键即可,直至安装 VMware Tools 成功。操作代码如下:

```
jimy@jimy－virtual－machine:$ cd /media/jimy/VMware Tools
jimy@jimy－virtual－machine:/media/jimy/VMware Tools $ sudo tar －xf VMwareTools－
10.0.0－2977863.tar.gz －C /tmp/
[sudo] jimy 的密码:
jimy@jimy－virtual－machine:/media/jimy/VMware Tools $ cd /tmp/vmware－tools－dis-
trib/
jimy@jimy－virtual－machine:/tmp/vmware－tools－distrib $ sudo ./vmware－
install.pl
open－vm－tools are available from the OS vendor and VMware recommends using
open－vm－tools. See http://kb.vmware.com/kb/2073803 for more information.
Do you still want to proceed with this legacy installer? [no]yes [Enter]
接下来遇到需要停下来的都直接回车即可,最后会显示安装完成
```

　　第 5 步:当安装 VMware Tools 成功后,关闭 Ubuntu 客户机并重新启动 Ubuntu 系统,即可查看到 Ubuntu 的桌面占据了 VMWare 下的整个窗口。至此,VMware Tools 就已安装成功。

8.3　移植 MicroPython 到自己的开发板上

　　当前使用的开发板型号为 XYD－STM32F407ZET6。

8.3.1　源码准备

　　源码使用 8.1 节已下载的 micropython－1.8.2 源码。现在需要将它放到 Ubuntu 系统下编译最终移植到开发板上。

8.3.2　移　植

第 1 步：打开 micropython – 1.8.2 下的 stmhal/boards 目录，如图 8.24 所示。

名称	修改日期	类型	大小
CERB40	2019/3/5 12:55	文件夹	
ESPRUINO_PICO	2019/3/5 12:55	文件夹	
HYDRABUS	2019/3/5 12:55	文件夹	
LIMIFROG	2019/3/5 12:55	文件夹	
NETDUINO_PLUS_2	2019/3/5 12:55	文件夹	
NUCLEO_F401RE	2019/3/5 12:55	文件夹	
NUCLEO_F411RE	2019/3/5 12:55	文件夹	
OLIMEX_E407	2019/3/5 12:55	文件夹	
PYBLITEV10	2019/3/5 12:55	文件夹	
PYBV3	2019/3/5 12:55	文件夹	
PYBV4	2019/3/5 12:55	文件夹	
PYBV10	2019/3/5 12:55	文件夹	
PYBV11	2019/3/5 12:55	文件夹	
STM32F4DISC	2019/3/5 12:55	文件夹	
STM32F7DISC	2019/3/5 12:55	文件夹	
STM32F411DISC	2019/3/5 12:55	文件夹	
STM32F429DISC	2019/3/5 12:55	文件夹	
STM32F439	2019/3/5 12:55	文件夹	
STM32L476DISC	2019/3/5 12:55	文件夹	
make-pins.py	2016/7/10 19:46	Python File	16 KB
openocd_stm32f4.cfg	2016/7/10 19:46	CFG 文件	1 KB
stm32f4xx_prefix.c	2016/7/10 19:46	C Source File	1 KB
stm32f401.ld	2016/7/10 19:46	LD 文件	5 KB
stm32f401_af.csv	2016/7/10 19:46	XLS 工作表	5 KB
stm32f405.ld	2016/7/10 19:46	LD 文件	4 KB

图 8.24　stmhal/boards 目录

boards 目录下存放的都是各种平台的配置信息，随便打开其中一个文件夹，基本上都是以下 4 个文件，如图 8.25 所示。

mpconfigboard.h	2016/7/10 19:46	C Header File	4 KB
mpconfigboard.mk	2016/7/10 19:46	MK 文件	1 KB
pins.csv	2016/7/10 19:46	XLS 工作表	1 KB
stm32f4xx_hal_conf.h	2016/7/10 19:46	C Header File	16 KB

图 8.25　boards 目录下的文件

其中，mpconfigboard.h 是当前板子的配置文件；pins.csv 是引脚定义文件。

第 2 步：在 boards 目录下创建一个名为 STM32F407 的文件夹（文件夹名可以自定义）。

第 3 步：将 STM32F4DISC 文件夹下的所有文件复制到 STM32F407 文件夹中，并删除 staccel.py 文件，如图 8.26 所示。

▸ micropython-1.8.2 ▸ stmhal ▸ boards ▸ STM32F407

工具(T)　帮助(H)

共享 ▾　刻录　新建文件夹

名称	修改日期	类型	大小
mpconfigboard.h	2016/7/10 19:46	C Header File	4 KB
mpconfigboard.mk	2016/7/10 19:46	MK 文件	1 KB
pins.csv	2016/7/10 19:46	XLS 工作表	1 KB
stm32f4xx_hal_conf.h	2016/7/10 19:46	C Header File	16 KB

图 8.26　移植文件

STM32F4DISC 文件夹下的配置文件就是官方提供的针对 STM32F4 系列的芯片配置文件，本书当前使用的型号是 STM32F407，所以把这些配置文件复制过来。复制后的文件是不能直接使用的，需要针对用户的板子对配置文件进行修改。

8.3.2.1　修改 mpconfigboard.h 文件

打开 mpconfigboard.h 文件，会发现有比较多的宏定义的代码，用户需要修改其中的一些定义来达到相应的效果。

1. 自定义平台名

原始平台名如图 8.27 所示，修改后的平台名如图 8.28 所示。

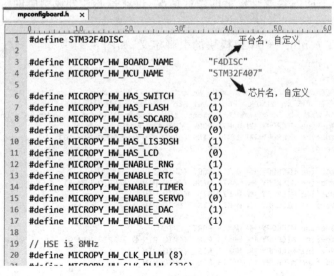

```
mpconfigboard.h  ×
     0     1.0     2.0     3.0     4.0     5.0     6.0
 1   #define STM32F4DISC                          平台名,自定义
 2
 3   #define MICROPY_HW_BOARD_NAME     "F4DISC"
 4   #define MICROPY_HW_MCU_NAME       "STM32F407"
 5
 6   #define MICROPY_HW_HAS_SWITCH     (1)         芯片名,自定义
 7   #define MICROPY_HW_HAS_FLASH      (1)
 8   #define MICROPY_HW_HAS_SDCARD     (0)
 9   #define MICROPY_HW_HAS_MMA7660    (0)
10   #define MICROPY_HW_HAS_LIS3DSH    (1)
11   #define MICROPY_HW_HAS_LCD        (0)
12   #define MICROPY_HW_ENABLE_RNG     (1)
13   #define MICROPY_HW_ENABLE_RTC     (1)
14   #define MICROPY_HW_ENABLE_TIMER   (1)
15   #define MICROPY_HW_ENABLE_SERVO   (0)
16   #define MICROPY_HW_ENABLE_DAC     (1)
17   #define MICROPY_HW_ENABLE_CAN     (1)
18
19   // HSE is 8MHz
20   #define MICROPY_HW_CLK_PLLM (8)
21   #define MICROPY_HW_CLK_PLLN (336)
```

图 8.27　原始平台名

```
2
3    #define MICROPY_HW_BOARD_NAME        "XYD-Cortex-M4"
4    #define MICROPY_HW_MCU_NAME          "STM32F407ZGT6"
5
6    #define MICROPY_HW_HAS_SWITCH        (1)
```

图 8.28 修改后的平台名

2. 修改时钟配置

原始时钟配置如图 8.29 所示。因为当前板子的 HSE 为 25 MHz,系统时钟为 168 MHz,所以修改后如图 8.30 所示。

```
18
19   // HSE is 8MHz                              锁相环配置,根据自己当前使用板
20   #define MICROPY_HW_CLK_PLLM (8)           的HSE时钟和系统时钟进行修改
21   #define MICROPY_HW_CLK_PLLN (336)
22   #define MICROPY_HW_CLK_PLLP (RCC_PLLP_DIV2)
23   #define MICROPY_HW_CLK_PLLQ (7)
24
```

图 8.29 原始时钟配置

```
18
19   // HSE is 25MHz
20   #define MICROPY_HW_CLK_PLLM (25)
21   #define MICROPY_HW_CLK_PLLN (336)
22   #define MICROPY_HW_CLK_PLLP (2)
23   #define MICROPY_HW_CLK_PLLQ (7)
24
```

图 8.30 修改后的时钟配置

3. 外设引脚设置

文件中剩下的内容就是板子的硬件情况,也就是芯片外设引脚的定义,当前文件中有:

① UART config——串口模块的引脚定义,如图 8.31 所示。

```
25   // UART config
26   #if 0
27   // A9 is used for USB VBUS detect, and A10 is used for USB_FS_ID.
28   // UART1 is also on PB6/7 but PB6 is tied to the Audio SCL line.
29   // Without board modifications, this makes UART1 unusable on this board.
30   #define MICROPY_HW_UART1_PORT (GPIOA)
31   #define MICROPY_HW_UART1_PINS (GPIO_PIN_9 | GPIO_PIN_10)
32   #endif
33
34   #define MICROPY_HW_UART2_PORT (GPIOA)
35   #define MICROPY_HW_UART2_PINS (GPIO_PIN_2 | GPIO_PIN_3)
36   #define MICROPY_HW_UART2_RTS  (GPIO_PIN_1)
37   #define MICROPY_HW_UART2_CTS  (GPIO_PIN_0)
38
39   #define MICROPY_HW_UART3_PORT (GPIOD)
40   #define MICROPY_HW_UART3_PINS (GPIO_PIN_8 | GPIO_PIN_9)
41   #define MICROPY_HW_UART3_RTS  (GPIO_PIN_12)
42   #define MICROPY_HW_UART3_CTS  (GPIO_PIN_11)
43
44   #if MICROPY_HW_HAS_SWITCH == 0
```

图 8.31 串口引脚定义

根据用户当前使用的板子外设情况修改即可。

② I²C busses——I²C 控制器的引脚定义,如图 8.32 所示。

```
58  // I2C busses
59  #define MICROPY_HW_I2C1_SCL (pin_B6)
60  #define MICROPY_HW_I2C1_SDA (pin_B7)
61  #define MICROPY_HW_I2C2_SCL (pin_B10)
62  #define MICROPY_HW_I2C2_SDA (pin_B11)
63
```

图 8.32　I²C 控制器

根据用户当前使用的板子外设情况修改即可。

③ SPI busses——SPI 控制器的引脚定义,如图 8.33 所示。

```
64  // SPI busses
65  #define MICROPY_HW_SPI1_NSS  (pin_A4)
66  #define MICROPY_HW_SPI1_SCK  (pin_A5)
67  #define MICROPY_HW_SPI1_MISO (pin_A6)
68  #define MICROPY_HW_SPI1_MOSI (pin_A7)
69  #define MICROPY_HW_SPI2_NSS  (pin_B12)
70  #define MICROPY_HW_SPI2_SCK  (pin_B13)
71  #define MICROPY_HW_SPI2_MISO (pin_B14)
72  #define MICROPY_HW_SPI2_MOSI (pin_B15)
73
```

图 8.33　SPI 控制器

根据用户当前使用的板子外设情况修改即可。

④ USRSW——用户按键的引脚定义,如图 8.34 所示。

```
74  // USRSW is pulled low. Pressing the button makes the input go high.
75  #define MICROPY_HW_USRSW_PIN       (pin_A0)
76  #define MICROPY_HW_USRSW_PULL      (GPIO_NOPULL)
77  #define MICROPY_HW_USRSW_EXTI_MODE (GPIO_MODE_IT_RISING)
78  #define MICROPY_HW_USRSW_PRESSED   (1)
79
```

图 8.34　按键的引脚定义

原始定义的按键状态是按下时为高电平,松开时为低电平,根据用户当前使用的板子外设情况修改即可。

⑤ LEDS——LED 灯引脚定义,如图 8.35 所示。

原始定义的 4 个 LED 灯状态是高电平点亮,低电平熄灭,根据用户当前使用的板子外设情况修改即可。

⑥ USB config——OTG 接口定义,如图 8.36 所示。

根据用户当前使用的板子外设情况修改即可。

```
80   // LEDs
81   #define MICROPY_HW_LED1              (pin_D14) // red
82   #define MICROPY_HW_LED2              (pin_D12) // green
83   #define MICROPY_HW_LED3              (pin_D13) // orange
84   #define MICROPY_HW_LED4              (pin_D15) // blue
85   #define MICROPY_HW_LED_OTYPE         (GPIO_MODE_OUTPUT_PP)
86   #define MICROPY_HW_LED_ON(pin)       (pin->gpio->BSRRL = pin->pin_mask)
87   #define MICROPY_HW_LED_OFF(pin)      (pin->gpio->BSRRH = pin->pin_mask)
```

图 8.35　LED 灯引脚定义

```
89   // USB config
90   #define MICROPY_HW_USB_VBUS_DETECT_PIN (pin_A9)
91   #define MICROPY_HW_USB_OTG_ID_PIN      (pin_A10)
```

图 8.36　OTG 接口定义

8.3.2.2　修改 pins.csv 文件

pins.csv 是引脚定义文件,把当前使用的芯片所有的引脚按照格式在该文件中进行定义,因为现在用到的芯片 STM32F407ZET6 一共有 GPIOA~G(0~15),所以需要将这些引脚替换成当前使用的。

8.3.3　编　译

至此,已经添加了属于自己的开发板配置。接下来就是对源码进行编译,生成固件。

本书系统环境是 Ubuntu 16.04 (64 位)。把刚才修改好的源码复制到 Ubuntu 下。

8.3.3.1　安装 arm-none-eabi-gcc 交叉编译工具和 gcc 编译器

打开终端执行命令:

```
sudo apt install gcc - arm - none - eabi
sudo apt - get install gcc
```

8.3.3.2　开始编译

使用 cd 命令切换到源码 micropython-1.8.2/stmhal 目录下,相关命令如图 8.37 所示。

执行命令:make BOARD=STM32F407,如图 8.38 所示。

说明:BOARD=STM32F407 表示当前编译的板级配置,STM32F407 就是前文在 boards 目录下创建的。

编译完成,如图 8.39 所示。

图 8.37　进入 stmhal 目录

图 8.38　编译文件

图 8.39　编译完成

生成的 firmware. dfu 文件就是最终想要的固件,这个固件存放在 stmhal/build-STM32F407 文件夹下,把它复制出来。

8.3.4　DFU 固件烧写

用 DFU 方式烧写固件不需要任何下载器,只需要一个辅助软件 DfuSe_Demo 即可。下载地址:http://www. tpyboard. com/download/drive/7. html 。

当前采用 📄 DfuSe_Demo_V3.0.2.rar ,直接安装即可。

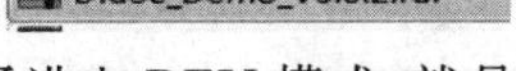

① 让板子进入 DFU 模式,就是将芯片的 BOOT0 引脚接 VCC,然后使用 USB 线连接计算机。需要重点注意的是,板子的 USB D－引脚和 USB D＋引脚要与芯片的全速 USB 接口相连,否则不能进入 DFU 模式,如图 8.40 所示。

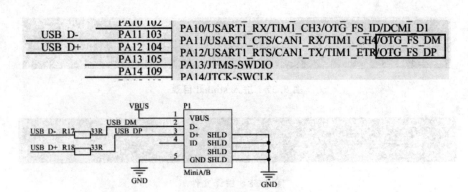

图 8.40 接口原理图

连接完成以后,计算机就会自动装一个驱动,装完驱动后,打开"设备管理器"窗口查看"通用串行总线控制器"选项,在展开条目中若看到 STM Device in DFU Mode,则表示已经成功连接。

② 打开 DfuSe_Demo 工具后,工具会自动识别进入 DFU 的板子,如图 8.41 所示。

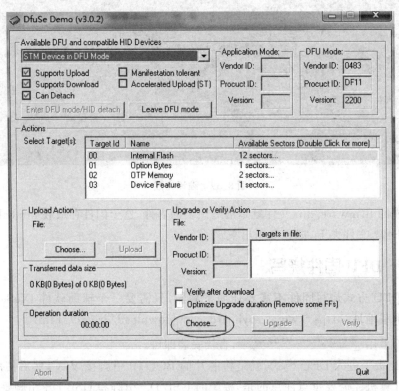

图 8.41 识别 DFU 模式

单击 Choose 按钮选择要烧写固件的位置,打开 8.3.3.2 小节编译得到的 .dfu
文件。打开以后,按照图 8.42 所示勾选两个选项,单击 Upgrade 按钮,选择"是",就
会出现往板子里烧写的过程,当看到 successful 的时候就证明烧写成功了。

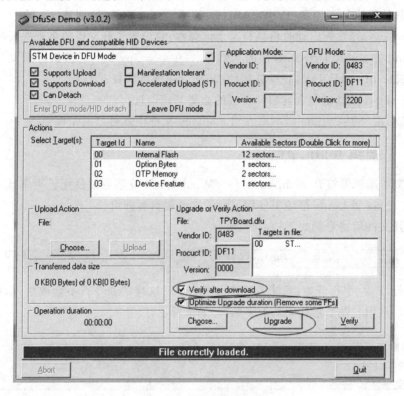

图 8.42　选择相关参数

③ 把 BOOT0 引脚接 GND,就是 FIASH 模式,复位后板子固件就刷新了,此时
会看到一个新的磁盘 PYBFLASH,此设备是由开发板里边的 /flash 实现的。至此,
该板子就成功加入了 MicroPython,成为 TPYBoard 了,如图 8.43 所示。

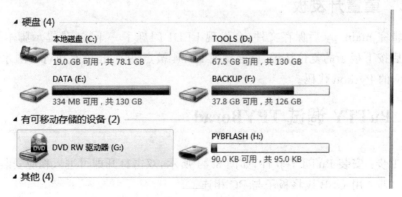

图 8.43　板子固件加载

8.4 运行 Pyboard 脚本

打开计算机的新磁盘 PYBFLASH,可以看到 4 个文件,分别是:

boot. py:开发板启动时将执行这个该脚本,它设置了开发板的多个选项参数;

main. py:包含 Python 程序的主要脚本,在 boot. py 运行后被执行;

pycdc. inf:确认 USB 设备连接的 Windows 配置文件;

README. txt :包含开启开发板的必要基础信息。

所以,用户把 Python 脚本写入到 main. py 文件中就可以操作板子了。

8.4.1 编辑 main. py

用文本编辑器打开 main. py 文件。Windows 环境下可以使用记事本或者其他编辑器。Mac 和 Linux 环境下使用习惯的文本编辑器即可。

打开文件后将看到如下的一行:

```
# main.py -- put your code here!
```

该行以 # 字符开始,意味着只是一个注释。这样的命令行不会被执行,仅为代码提供信息用。在上述代码后加多两行,如下所示:

```
# main.py -- put your code here!
import pyb
pyb.LED(4).on()
```

第一行表明使用 pyb 模块,这个模块包含了控制开发板的所有函数和类。

第二行打开了 LED4:先是在 pyb 模块中使用了 LED 类,创建了 LED 4 的实例,然后将其点亮。

8.4.2 重置开发板

编辑完 main. py 后保存文件,会发现 LED1 闪烁了一下,这是提示脚本更新完成。然后按下板子的复位按键,就会发现 LED4 被点亮了,也就是执行了刚才编辑在 main. py 的 Python 代码。

8.5 PuTTY 调试 TPYBorad

第 1 步:安装 PuTTY 软件,如图 8.44 所示,双击打开即可进入相应安装界面。

第 2 步:用 USB 线将板子与 PC 相连。

第 3 步:打开计算机的设备管理器,查看 TPYBorad 对应的 COM 端口号,如

图 8.45 所示。

图 8.44　安装 PuTTY 软件

图 8.45　查看端口号

第 4 步：打开 PuTTY 软件，输入串口号和波特率（默认波特率：9 600），Connection type 选择 Serial，如图 8.46 所示。

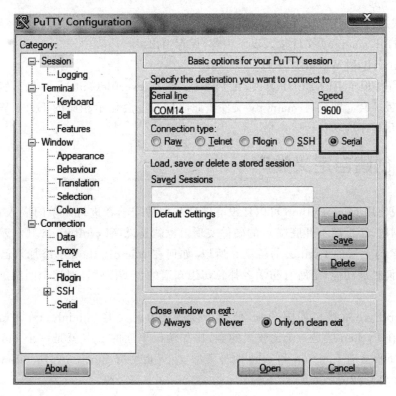

图 8.46　选择串口模式

第 5 步：单击 Open 按钮，进行连接。连接成功后，如图 8.47 所示。第一行显示的信息,就是在移植时修改 mpconfigboard.h 文件自定义的板级名,还有固件的版本和烧录固件的日期。

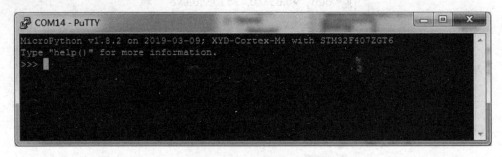

图 8.47 连接成功界面

第 6 步:PuTTY 通过以下两种方式来操作 TPYBoard。

方式一:直接运行代码

连接成功后,输入"pyb.LED(2).on()",然后按下回车键,TPYBorad 板载 LED2 会亮起。

方式二:执行代码文件

① 打开 main.py 文件输入以下内容,保存退出。

print('Hello World')

② 等待板子上的 LED1 熄灭,在 PuTTY 输入"execfile('main.py')",然后按下回车键,板子会立即执行 main.py 文件。此时屏幕上会显示相应的 Hello World 的信息,表示程序成功执行。

8.6 创建自定义类库

虽说使用 MicroPython 可以让没有硬件基础的初学者进行简单的嵌入式开发,但是说到底,还是离不开底层 C 的硬件实现。也就是说,MicroPython 其实就是连接底层的 C 与上层的 Python 的桥梁。所以,如何在 MicroPython 中添加自己的硬件功能,如何扩展功能,是所有初学者都急切想知道的。下面就针对这个问题进行详细分析。

MicroPython 接口如图 8.48 所示。接口分为三大类:module、type、function。module 在 Python 层是一个比较大的类,比如源码里面的 pyb 就是一个 module,在 module 下面会有 function 和 type 两种类型,type 也会有 function。function 其实就是实现硬件功能的函数。

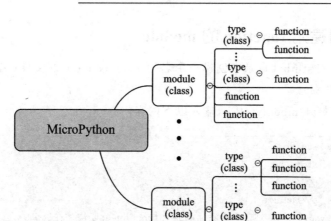

图 8.48　MicroPython 接口

8.7　创建 module

打开源码下的 stmhal 目录,可以看到一些以 mod 开头的文件,如图 8.49 所示,这些就是源码中现有的 module。

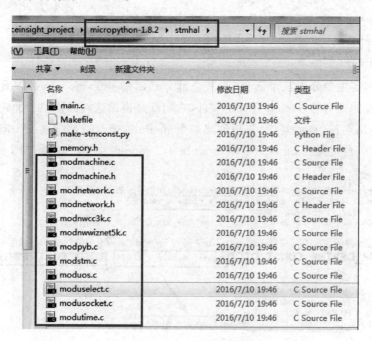

图 8.49　stmhal 目录下的文件

8.7.1　创建无 function 的 module

第 1 步：在 stmhal 目录中创建一个名为 modmyself.c 的文件（名字自定义，最好也是 mod 开头）。

第 2 步：打开 modmyself.c，输入以下内容：

```
# include "stdint.h"
# include "stdio.h"
# include "py/obj.h"
# include "py/runtime.h"
//定义的myself全局字典，之后添加type和function就要添加在这里
STATIC const mp_map_elem_t myself_module_globals_table[] = {
    //这个对应python层面的__name__属性
    {MP_OBJ_NEW_QSTR(MP_QSTR___name__), MP_OBJ_NEW_QSTR(MP_QSTR_myself)},
};
//这个可以认为是把myself_module_globals_table注册到myself_module_globals里面去
STATIC MP_DEFINE_CONST_DICT(myself_module_globals, myself_module_globals_table);
//这个是定义一个module类型
const mp_obj_module_t myself_module = {
    .base = {&mp_type_module},
    .name = MP_QSTR_myself,
    .globals = (mp_obj_dict_t *)&myself_module_globals,
};
```

代码内容主要分为三个部分，这三个部分是添加一个 module 必须要有的。查看前文提及的现有的以 mod 开头的文件，它们都是遵循这样的模型。加粗的是自定义的 module 名称，也就是说，要想创建一个 module，把这三部分复制一遍，把 module 名称改成自定义的，就是一个新 module 了。module 之间的关系如图 8.50 所示。

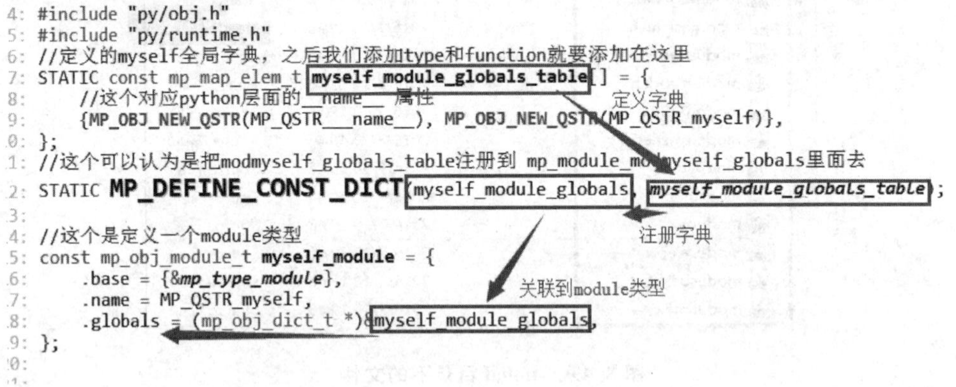

图 8.50　module 之间的关系

现在,一个简单的 module 已经定义好了,但其仅仅是一个单独的.c 文件,还没有添加到编译文件中,外部目前也没办法调用它。

第 3 步:把 modmyself. c 添加到 Makefile 文件中。打开 stmhal 目录下的 Makefile 文件,按照格式添加在 modnetwork. c 的下面。

```
SRC_C = \
    main.c \
    system_stm32.c \
    ........
    modusocket.c \
    modnetwork.c \
    modmyself.c \
    ........
```

第 4 步:把自定义的 module 注册到 MicroPython 中。打开 stmhal 目录下的 mpconfigport. h 文件,找到"♯define MICROPY_PORT_BUILTIN_MODULES"所在之处,按照格式添加自定义的 module,如图 8.51 所示。

```
119: extern const struct _mp_obj_module_t mp_module_uselect;
120: extern const struct _mp_obj_module_t mp_module_usocket;
121: extern const struct _mp_obj_module_t mp_module_network;
122: extern const struct _mp_obj_module_t myself_module;
123:
124:
125: #define MICROPY_PORT_BUILTIN_MODULES \
126:     { MP_OBJ_NEW_QSTR(MP_QSTR_umachine), (mp_obj_t)&machine_module }, \
127:     { MP_OBJ_NEW_QSTR(MP_QSTR_pyb), (mp_obj_t)&pyb_module }, \
128:     { MP_OBJ_NEW_QSTR(MP_QSTR_stm), (mp_obj_t)&stm_module }, \
129:     { MP_OBJ_NEW_QSTR(MP_QSTR_uos), (mp_obj_t)&mp_module_uos }, \
130:     { MP_OBJ_NEW_QSTR(MP_QSTR_utime), (mp_obj_t)&mp_module_utime }, \
131:     { MP_OBJ_NEW_QSTR(MP_QSTR_uselect), (mp_obj_t)&mp_module_uselect }, \
132:     { MP_OBJ_NEW_QSTR(MP_QSTR_usocket), (mp_obj_t)&mp_module_usocket }, \
133:     { MP_OBJ_NEW_QSTR(MP_QSTR_network), (mp_obj_t)&mp_module_network }, \
134:     { MP_OBJ_NEW_QSTR(MP_QSTR_myself), (mp_obj_t)&myself_module }, \
135:
```

图 8.51　添加自定义的 module

由图 8.51 可知,要添加的内容有两处,上面的就是一个外部声明,下面的 MP_QSTR_myself 这个名字要改成自定义的,其中 MP_QSTR_ 必须要保留,后续的 myself 就是在 Python 中显示的 module 名字。

这样,一个 module 就创建好了。接下来就是重新编译源码,然后烧录,效果如图 8.52 所示。

```
Type "help()" for more information.
>>>
>>> import myself
>>> type(myself)
<class 'module'>
>>>
```

图 8.52　演示效果

可以看到,自定义的 module 已经添加成功了,只是现在这个 module 内部没有添加任何 type 和 function。

8.7.2　给 module 添加无参数的 function

打开新创建的 module,添加如下代码:

```
STATIC mp_obj_t myself_test0(void) {
    printf("This is module of myself function:test0\n");
    return mp_const_none;//无数据返回就返回它
}
STATIC MP_DEFINE_CONST_FUN_OBJ_0(myself_test0_obj, myself_test0);
//定义的 myself 全局字典,之后添加 type 和 function 就要添加在这里
STATIC const mp_map_elem_t myself_module_globals_table[] = {
    //这个对应 python 层面的__name__属性
    {MP_OBJ_NEW_QSTR(MP_QSTR___name__), MP_OBJ_NEW_QSTR(MP_QSTR_myself)},
    {MP_OBJ_NEW_QSTR(MP_QSTR_test0), (mp_obj_t)&myself_test0_obj},
};
//这个可以认为是把 modmyself_globals_table 注册到 mp_module_modmyself_globals 里
面去
STATIC MP_DEFINE_CONST_DICT(myself_module_globals, myself_module_globals_table);
//这个是定义一个 module 类型
const mp_obj_module_t myself_module = {
    .base = {&mp_type_module},
    .name = MP_QSTR_myself,
    .globals = (mp_obj_dict_t *)&myself_module_globals,
};
```

说明:

① 所有和 Python 对接的函数都是要返回 mp_obj_t 类型的,如果该函数实际不需要返回任何数据,就调用 return mp_const_none。

② STATIC MP_DEFINE_CONST_FUN_OBJ_0(myself_test0_obj, myself_test0):每一个和 Python 接口的函数都需要使用这个宏定义,其中 OBJ_0 代表这个函数有 0 个参数,如果函数有 1 个参数,则改成 OBJ_1,依此类推。

③ 使用 MP_OBJ_NEW_QSTR()这个宏把新建的函数注册到 module 中。具体添加过程如图 8.53 所示。

重新编译源码,烧写新固件,运行效果如图 8.54 所示。

可以看到,Python 层调用 modtest.test0()就可以执行到函数中打印的内容。

注意:在接口函数里面调用 printf 的时候,最后的\n 要加上,要不然打印不出来。

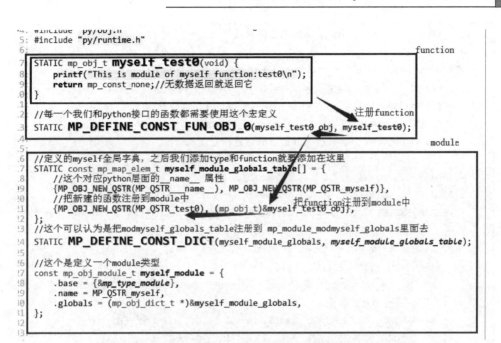

```
 4: #include "py/obj.h"
 5: #include "py/runtime.h"
 6:                                                                              function
 7: STATIC mp_obj_t myself_test0(void) {
 8:     printf("This is module of myself function:test0\n");
 9:     return mp_const_none;//无数据返回就返回它
10: }
11:
12: //每一个我们和python接口的函数都需要使用这个宏定义            注册function
13: STATIC MP_DEFINE_CONST_FUN_OBJ_0(myself_test0_obj, myself_test0);
14:                                                                              module
15:
16: //定义的myself全局字典，之后我们添加type和function就要添加在这里
17: STATIC const mp_map_elem_t myself_module_globals_table[] = {
18:     //这个对应python层面的 __name__ 属性
19:     {MP_OBJ_NEW_QSTR(MP_QSTR___name__), MP_OBJ_NEW_QSTR(MP_QSTR_myself)},
20:     //把新建的函数注册到module中              把function注册到module中
21:     {MP_OBJ_NEW_QSTR(MP_QSTR_test0), (mp_obj_t)&myself_test0_obj},
22: };
23: //这个可以认为是把modmyself_globals_table注册到 mp_module_modmyself_globals里面去
24: STATIC MP_DEFINE_CONST_DICT(myself_module_globals, myself_module_globals_table);
25:
26: //这个是定义一个module类型
27: const mp_obj_module_t myself_module = {
28:     .base = {&mp_type_module},
29:     .name = MP_QSTR_myself,
30:     .globals = (mp_obj_dict_t *)&myself_module_globals,
31: };
32:
33:
```

图 8.53　添加无参数 function

```
>>> import myself
>>> type(myself)
<class 'module'>
>>> type(myself.test0)
<class 'function'>
>>> myself.test0()
This is module of myself function:test0
>>>
```

图 8.54　运行效果

8.7.3　给 module 添加带参数的 function

经过前面的分析,添加带参数的 function 就非常容易理解了,模型都是一样的,所以重点关注带上参数的区别。

代码如下:

```
#include "stdint.h"
#include "stdio.h"
#include "py/obj.h"
#include "py/runtime.h"
STATIC mp_obj_t myself_test0(void) {
    printf("This is module of myself function:test0\n");
```

```
        return mp_const_none;//无数据返回就返回它
    }
STATIC mp_obj_t myself_test1(mp_obj_t data1,mp_obj_t data2) {
        printf("This function   have one parameters:\n");
        printf("parameter1 is: % d\n",mp_obj_get_int(data1));
        printf("parameter2 is: % s\n",mp_obj_str_get_str(data2));
        return mp_const_none;//无数据返回就返回它
    }
//每一个和 Python 接口的函数都需要使用这个宏定义
STATIC MP_DEFINE_CONST_FUN_OBJ_0(myself_test0_obj, myself_test0);
STATIC MP_DEFINE_CONST_FUN_OBJ_2(myself_test1_obj, myself_test1);
//定义的 myself 全局字典,之后添加 type 和 function 就要添加在这里
STATIC const mp_map_elem_t myself_module_globals_table[] = {
        //这个对应 python 层面的 __name__ 属性
        {MP_OBJ_NEW_QSTR(MP_QSTR___name__), MP_OBJ_NEW_QSTR(MP_QSTR_myself)},
        //把新建的函数注册到 module 中
        {MP_OBJ_NEW_QSTR(MP_QSTR_test0), (mp_obj_t)&myself_test0_obj},
        {MP_OBJ_NEW_QSTR(MP_QSTR_test1), (mp_obj_t)&myself_test1_obj},
};
//这个可以认为是把 modmyself_globals_table 注册到 mp_module_modmyself_globals 里
面去
STATIC MP_DEFINE_CONST_DICT(myself_module_globals, myself_module_globals_table);
//这个是定义一个 module 类型
const mp_obj_module_t myself_module = {
        .base = {&mp_type_module},
        .name = MP_QSTR_myself,
        .globals = (mp_obj_dict_t *)&myself_module_globals,
};
```

在前述代码的基础上,添加了一个新的 function"test1()",添加的方法是一样的,关注点在于带参数和不带参数的区别。

在 test1()函数中,形参列表中添加了一个 mp_obj_t 类型的参数,实际上 mp_obj_t 是一个空指针,源码中定义如下:

```
typedef  machine_ptr_t  mp_obj_t;
typedef  void *  machine_ptr_t;
```

既然是空指针(万能指针),就可以利用它来传递任何类型的数据,即整型、字符串等都可以。具体是什么类型的数据,可以在函数内部使用 mp 提供的对应的方法把这个数据提取出来,比如上面代码中利用 data1 传进去一个 int 型数据,那么就使用 mp_obj_get_int(data1)提取出来;利用 data2 传进去一个字符串,那么就使用 mp_ obj_str_get_str(data2)提取出来。除了这两个函数,还有一系列提取不同类型数据的函数,具体可参考相关文件说明。

　　此外,定义 function 的宏,因为有两个参数,所以就用 MP_DEFINE_CONST_FUN_OBJ_2( )。最后把 function 注册到 module 的方式都是一样的,按照格式注册即可。重新编译烧录后的结果如图 8.55 所示。

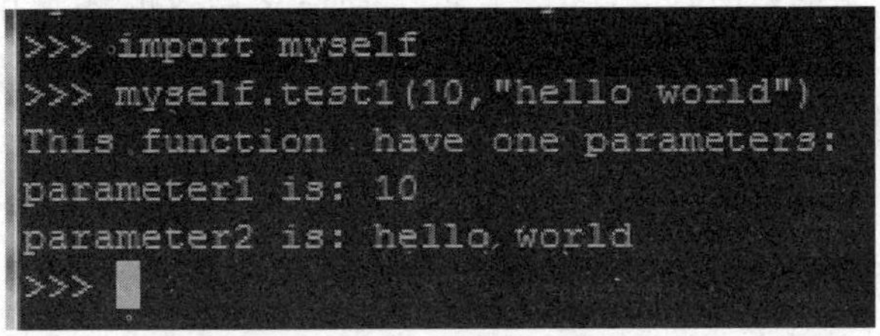

```
>>> import myself
>>> myself.test1(10,"hello world")
This function  have one parameters:
parameter1 is: 10
parameter2 is: hello world
>>>
```

图 8.55　运行效果

　　可以看到,最终打印出整型的 10 和字符串"hello world"。

8.8　在 module 中添加 type

　　添加 type 相对于添加 module 会复杂一些。

8.8.1　创建一个无 function 的空 type 到 module 中

　　第 1 步:在 stmhal 目录下新建两个文件,分别命名为 mytype. c 和 mytype. h(可自定义)。

　　第 2 步:创建一个新的 type。在 mytype. c 中添加如下代码:

```
# include "stdint. h"
# include "stdio. h"
# include "py/obj. h"
# include "py/runtime. h"
//定义的 type 全局字典,之后 function 就要添加在这里
STATIC const mp_map_elem_t mytype_locals_dict_table[] = {
};
//注册 type
STATIC MP_DEFINE_CONST_DICT(mytype_locals_dict, mytype_locals_dict_table);
//定义一个 type_类型。注意这里和定义 module 使用的类型是不一样的
const mp_obj_type_t mytype_type = {
    { &mp_type_type },
    .name = MP_QSTR_mytype,
    .locals_dict = (mp_obj_t)&mytype_locals_dict,
};
```

说明：

① mytype_locals_dict_table 目前里面什么都没有添加，后面添加 function 就需要加到这里面。而 module 中就算没有 funciton，也要有一个定义，对比前面就知道了。

② 注册 type 和注册 module 用的宏都是一样的。

③ 定义 type 类型用的是 mp_obj_type_t，而定义 module 类型用的则是 mp_obj_module_t，二者是不一样的，一定要注意。并且这两个结构体类型的成员也有所不同。

第 3 步：在**mytype.h** 中添加一个外部声明，代码如下：

```
extern const mp_obj_type_t mytype_type;
```

第 4 步：把创建的**type** 注册到module 中。

可以把创建的 type 注册到任意一个 module 中，本书把它注册到刚创建的 module 中。打开 modmyself.c，添加如下代码：

```
# include "stdint.h"
# include "stdio.h"
# include "py/obj.h"
# include "py/runtime.h"
# include "mytype.h"//包含 type 类型的头文件,其实就是对 type 类型做一个外部声明
..........
..........
//定义的 myself 全局字典,之后添加 type 和 function 就要添加在这里
STATIC const mp_map_elem_t myself_module_globals_table[] = {
    //这个对应 python 层面的 __name__ 属性
    {MP_OBJ_NEW_QSTR(MP_QSTR___name__), MP_OBJ_NEW_QSTR(MP_QSTR_myself)},
    //把新建的函数注册到 module 中
    {MP_OBJ_NEW_QSTR(MP_QSTR_test0), (mp_obj_t)&myself_test0_obj},
    {MP_OBJ_NEW_QSTR(MP_QSTR_test1), (mp_obj_t)&myself_test1_obj},
    //把新添加 type 注册进来
    {MP_OBJ_NEW_QSTR(MP_QSTR_mytype), (mp_obj_t)&mytype_type},
};
..........
..........
```

与注册 module 的方式一样，按照格式注册添加即可，此处不再赘述。

第 5 步：把**mytype.c** 添加到**Makefile** 文件中。打开 stmhal 目录下的 Makefile，按照格式添加在 modmyself.c 的下面。

```
SRC_C = \
    main.c \
    system_stm32.c \
    ........
    modnetwork.c \
    modmyself.c \
    mytype.c \
    .........
```

重新编译烧录后的结果如图 8.56 所示。

```
>>> import myself
>>> type(myself.mytype)
<class 'type'>
>>>
```

图 8.56 运行结果

可以看到,用 type()检查一下类型,就是 class type 类,只是现在这个 type 是没有 function 的。

8.8.2 给 type 添加无参数的 function

打开新创建的 type,添加如下代码:

```
# include "stdint.h"
# include "stdio.h"
# include "py/obj.h"
# include "py/runtime.h"
STATIC mp_obj_t mytype_test0(void) {
    printf("This is a function in class type and no parameter\n");
    return mp_const_none;//无数据返回就返回它
}
//每一个和 python 接口的函数都需要使用这个宏定义
STATIC MP_DEFINE_CONST_FUN_OBJ_0(mytype_test0_obj, mytype_test0);
//定义的 type 全局字典,之后 function 就要添加在这里
STATIC const mp_map_elem_t mytype_locals_dict_table[] = {
    {MP_OBJ_NEW_QSTR(MP_QSTR_test0), (mp_obj_t)&mytype_test0_obj},
};
//注册 type
STATIC MP_DEFINE_CONST_DICT(mytype_locals_dict, mytype_locals_dict_table);
//定义一个 type_类型。注意这里和定义 module 使用的类型是不一样的
```

```
const mp_obj_type_t mytype_type = {
    { &mp_type_type },
    .name = MP_QSTR_mytype,
    .locals_dict = (mp_obj_t)&mytype_locals_dict,
};
```

重新编译烧写后的结果如图 8.57 所示。

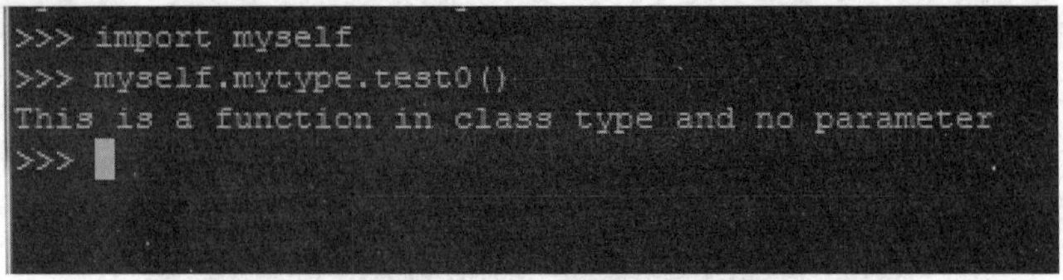

图 8.57　运行结果

可以看到，能执行到新添加的 function，打印出里面的信息。

8.8.3　给 type 添加带参数的 function

type 类型在 Python 中是类，而要操作带参数的函数就需要实例化一个对象出来：比如 m＝myself. mytype()，对应到 C 语言肯定要有一个对应的分配空间创建对象的函数，还有表示对象的结构体。

在 mytype. c 中添加一个 test1_obj_t 的结构体，用来表示一个 test1 对象的结构，代码如下：

```
typedef struct _test1_obj_t
{
    mp_obj_base_t base;          //定义的对象结构体要包含该成员
    int value1;                  //下面的成员,根据需要自己添加
    int value2;
}test1_obj_t;
```

接下来为 mytype_type 添加. make_new 属性，以及对应的 make_new 函数，代码如下：

```
STATIC mp_obj_t mytype_math_make_new(const mp_obj_type_t * type, mp_uint_t n_args,
mp_uint_t n_kw, const mp_obj_t * args)
{
    mp_arg_check_num(n_args, n_kw, 0, 0, true);        //检查参数个数
    test1_obj_t * self = m_new_obj(test1_obj_t);       //创建对象,分配空间
    self - > base.type = &mytype_type;                 //定义对象的类型
```

```
    return MP_OBJ_FROM_PTR(self);                //返回对象的指针
}
//定义一个 type_类型。注意这里和定义 module 使用的类型是不一样的
const mp_obj_type_t mytype_type = {
    { &mp_type_type },
    .name = MP_QSTR_mytype,
    .make_new = mytype_math_make_new,           //这个是我们新添加的 make new 属性
    .locals_dict = (mp_obj_t)&mytype_locals_dict,
};
```

现在,可以对带参数的函数 test1() 进行实例化了,代码如下:

```
//定义 mytype_test1 函数
STATIC mp_obj_t mytype_test1(mp_obj_t self_in,mp_obj_t data) {
    test1_obj_t * self = MP_OBJ_TO_PTR(self_in);//从第一个参数里面取出对象的指针
    self - > value1 = 100;
    self - > value2 = mp_obj_get_int(data);        //从第二个参数里面取出整型数值
    printf("100 + % d = \n",self - > value2);
    return mp_obj_new_int(self - > value1 + self - > value2);        //返回计算的结果
}
//每一个和 python 接口的函数都需要使用这个宏定义
STATIC MP_DEFINE_CONST_FUN_OBJ_0(mytype_test0_obj, mytype_test0);
STATIC MP_DEFINE_CONST_FUN_OBJ_2(mytype_test1_obj, mytype_test1);
//定义的 type 全局字典,之后 function 就要添加在这里
STATIC const mp_map_elem_t mytype_locals_dict_table[] = {
{MP_OBJ_NEW_QSTR(MP_QSTR_test0), (mp_obj_t)&mytype_test0_obj},
{MP_OBJ_NEW_QSTR(MP_QSTR_test1), (mp_obj_t)&mytype_test1_obj},
};
```

重新编译烧录后运行的结果如图 8.58 所示。

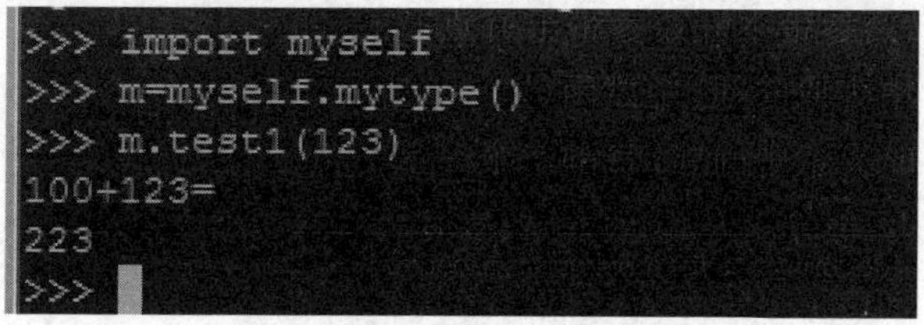

图 8.58　运行结果

在 Python 中先定义实例化一个对象 m = myself. mytype(),然后就可以对 test1()
函数传递参数:m. test1(123),计算结果也正确。

读者可能会觉得奇怪,代码中不是使用 MP_DEFINE_CONST_FUN_OBJ_2( )

表示函数有两个参数吗,怎么这里只传递一个参数? 其实是这样的,在 type 中定义带参数的 function 和在 module 中定义带参数的 function 是有区别的。在 type 型 class 中传递参数的时候,默认第一个并不是使用者在 Python 层面填进去的参数,而是一个实例化对象的指针,第二个参数才是使用者传递进去的,所以这里虽然是两个参数,但只需要传递第二个参数即可。

两者之间的区别如图 8.59 所示。

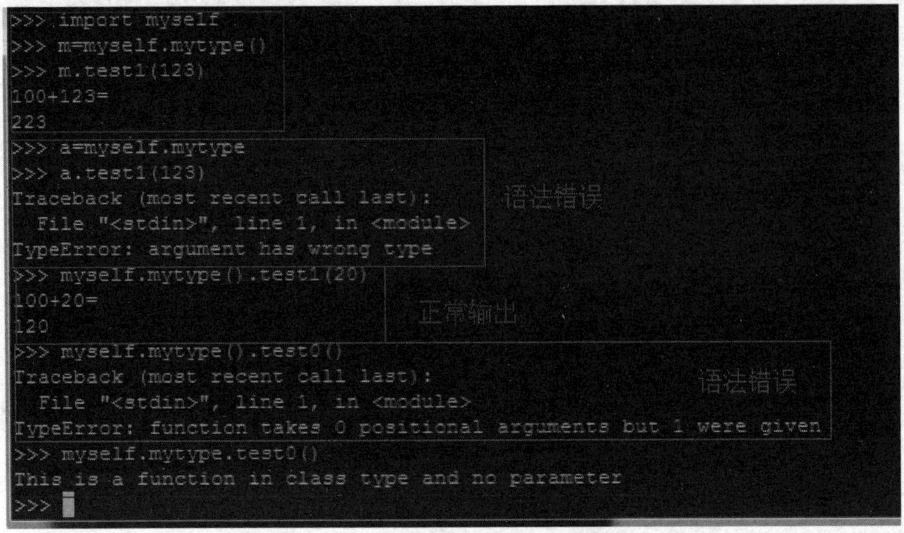

图 8.59　带参数和不带参数的区别

图 8.59 中,test0()是不带参数的,test1()是带参数的。带参数的 function 必须要按照"module. type(). function()"这样的语法,而不带参数的 function 必须要按照"module. type. function()"这样的语法。也就是说,带参数的 funciton 要先实例化对象。

第 9 章

项目实践

9.1 项目简介

此项目为智能物联网大棚农作物检测系统,由终端设备和服务器端两个部分组成。项目的结构如图 9.1 所示。

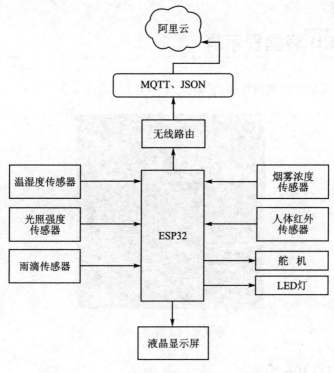

图 9.1 项目结构

功能划分:

● 监测系统:通过温度湿度、光照强度、雨滴、烟雾浓度等多种传感器进行数据采集,统计得出当前的环境信息,根据环境信息采取措施,达到科学种植的目的,同时将数据生成直观的图表,以便统计和阅读。

- 安防系统:通过人体红外传感器检测场地的多个地点,当检测到入侵信息时,Web 网页端生成报警信息。另外,在空旷农场可以检测动物的入侵,一旦发现,可以播放报警声进行驱赶,防止野生动物对农作物的破坏。

- 浇灌系统:包括手动浇灌、定时浇灌、自动浇灌。浇灌系统由远程无线控制,在 Web 网页端进行操作,可以开启和停止浇灌。配置定时浇灌后,系统自动按时启动浇灌系统;设置了湿度值之后,当湿度低于设定值时自动开启浇灌。

- 照明系统:灯光照明提供多种控制方式,包括手动控制、定时控制、自动控制,可以通过 Web 网页手动控制灯光状态,可批量控制和单个控制;可以配置定时开灯、关灯;也可配置光照强度参数值,根据环境光的强度自动打开或者关闭灯光,以达到节能的效果。

- 数据管理:所有的数据信息都实时上报到服务器中,当前选择的是阿里云服务器。当数据上传到阿里云服务器后,可以很直观地生成数据图表,便于统计管理。

9.2　OLED 液晶显示屏

图 9.2 所示是项目当前使用的 SSD1306 OLED 显示屏。

图 9.2　OLED 显示屏

9.2.1　SSD1306 介绍

SSD1306 是一款单片 CMOS OLED/PLED 驱动芯片,可以驱动有机/聚合发光二极管点阵图形显示系统,由 128 个 SEG(列输出)和 64 个 COM(行输出)组成。该芯片专为共阴极 OLED 面板设计。

SSD1306 中嵌入了对比度控制器、显示 RAM 和晶振,并因此减少了外部器件和功耗。它有 256 级亮度控制。数据/命令的发送有三种接口可以选择:6800/8080 串口、I²C 接口或 SPI 接口。它适用于许多紧凑型便捷式的应用,如移动电话的屏显、MP3 播放器和计算器等。

9.2.2　SSD1306 接口

SSD1306 支持多种接口,目前采用的是 7 针 OLED 显示屏 SPI 接口,分别是:

GND:电源地;

VCC:电源正(3～5) V;

D0:SPI 接口时为 SPI 时钟线 SCLK;

D1:SPI 接口时为 SPI 数据线 MOSI;

RES:OLED 复位,OLED 在上电后需要一次复位;

DC:SPI 数据/命令选择引脚;

CS:OLED SPI 片选,低电平有效。如果不用,必须接地。

9.2.3　连　线

使用 ESP32 的硬件 HSPI 接口,具体连接如图 9.3 所示。

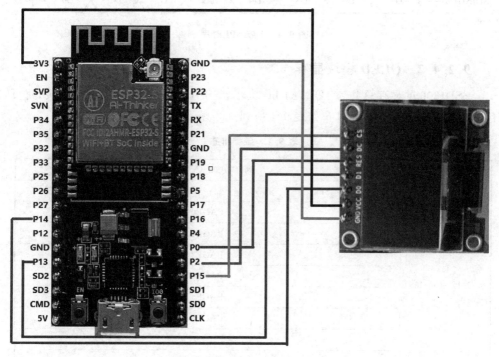

图 9.3　硬件 HSPI 接口

9.2.4 例程分析

9.2.4.1 显示原理

由引脚接法可知,项目采用的是 4 线 SPI 通信协议,所以只需要知道它的一个通信时序即可得知如何去编写相关的代码。具体通信时序如图 9.4 所示。该驱动芯片采用的是 SPI 模式中的模式 0 或者模式 3,所以如果想要完成 OLED 屏和 ESP32 的数据传输,只需要按照"高电平接收数据,低电平发送数据"这样一个逻辑时序即可。而 ESP32 自带的 SPI 控制器接口已经帮用户做好了这些事情,所以直接调用相关函数即可。

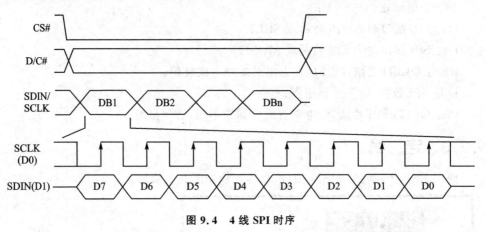

图 9.4 4 线 SPI 时序

9.2.4.2 OLED 模块显存

SSD1306 的显存总共为 128×64 bit 大小,SSD1306 将这些显存分为 8 页,每页包含了 128 个字节。显存排布如表 9.1 所列。

表 9.1 显存排布

	列(COL0～COL127)						
	SEG0	SEG1	SEG2	···	SEG125	SEG126	SEG127
行 (COM0～COM63)	PAGE0						
	PAGE1						
	PAGE2						
	PAGE3						
	PAGE4						
	PAGE5						
	PAGE6						
	PAGE7						

注:8 行为 1 页。

只要确定要显示的起始的列地址和页地址的位置,给它发送数据,列地址就会自动加 1。需要注意的是,页地址并不会自动换页,所以在使用的时候需要加上相对应的换页语句。

9.2.4.3　OLED 命令

OLED 命令如表 9.2 所列。以下是对其中一些关键命令的说明。

表 9.2　OLED 命令

序号	指令	各位描述								命令	说明
	HEX	D7	D6	D5	D4	D3	D2	D1	D0		
0	81	1	0	0	0	0	0	0	1	设置对比度	A 的值越大屏幕越亮,A 的范围为 0x00~0xFF
	A[7:0]	A7	A6	A5	A4	A3	A2	A1	A0		
1	AE/AF	1	0	1	0	1	1	1	X0	设置显示开关	X0=0,关闭显示;X0=1,开启显示
2	8D	1	0	0	0	1	1	0	1	电荷泵设置	A2=0,关闭电荷泵;A2=1,开启电荷泵
	A[7:0]	*	*	0	1	0	A2	0	0		
3	B0~B7	1	0	1	1	0	X2	X1	X0	设置页地址	X[2:0]=0~7,对应页 0~7
4	00~0F	0	0	0	0	X3	X2	X1	X0	设置列地址低四位	设置八位起始列地址的低四位
5	10~1F	0	0	0	1	X3	X2	X1	X0	设置列地址高四位	设置八位起始列地址的高四位

命令 0x81,用于设置对比度。该命令包含两个字节,0x81 为命令字节,随后发送的一个字节为要设置的对比度的值。这个值设置得越大,屏幕就越亮。

命令 0xAE/0xAF,用于设置显示开关。0xAE 为关闭显示命令;0xAF 为开启显示命令。

命令 0x8D,用于开启或关闭电荷泵。该命令包含两个字节,第一个为命令字节,第二个为设置值,第二个字节的 bit2 表示电荷泵的开关状态,该位为 1,则开启电荷泵,为 0 则关闭。在模块初始化的时候,这个必须要开启,否则是看不到屏幕显示的。

命令 0xB0~0xB7,用于设置页地址。其低三位的值对应着 GRAM 的页地址。

命令 0x00~0x0F,用于设置列地址低四位。其低四位的值对应着 GRAM 的列地址低四位。

命令 0x10~0x1F,用于设置列地址高四位。其高四位的值对应着 GRAM 的列地址高四位。

例如,要设置 3 页 80 列,可以按照以下顺序执行:

发送页地址:Mcu_Send_Ssd1306_Cmd(0xb3);

送列地址:

```
Mcu_Send_Ssd1306_Cmd(0x00);//设置列地址的低四位
Mcu_Send_Ssd1306_Cmd(0x15);//设置列地址的高四位
```

设置显示起始地址:第 X 页第 Y 列;

发送页地址:Mcu_Send_Ssd1306_Cmd(0xb0 | X);

发送列地址:

```
Mcu_Send_Ssd1306_Cmd(0x00 | (Y&0x0f));//设置列地址的低四位
Mcu_Send_Ssd1306_Cmd(0x10 | ((Y&0xf0) >> 4));//设置列地址的高四位
```

9.2.5 取模工具使用

① 双击运行取模工具,其界面如图 9.5 所示。

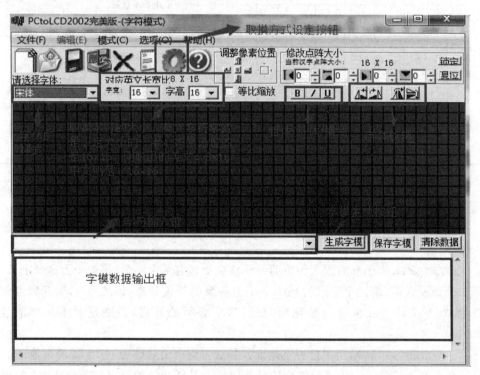

图 9.5 取模软件 PCtoLCD 界面

② 取模工具配置,如图 9.6 所示。

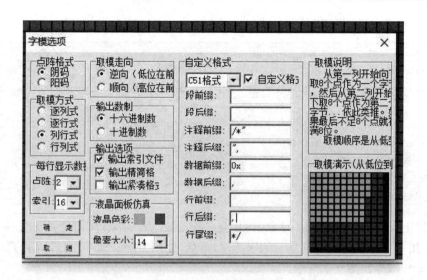

图 9.6 取模工具配置

③ 取模数据，如下所示：

```
    0x00, 0x00, 0x00, 0x00, 0x00, 0x00, 0x00, 0x00, 0x00, 0x00, 0x00, 0xF0, 0x06, 0x7F,
0x38,0x02,
    0x40, 0x20, 0x00, 0xC1, 0x00, 0x00, 0xD8, 0xC0, 0x00, 0x10, 0x40, 0x38, 0x26, 0x00,
0x18,0x46,
    0x00, 0x00, 0x02, 0xE0, 0x00, 0x1F, 0x80, 0x02, 0x66, 0x00, 0x04, 0x0B, 0x00, 0x04,
0x1A,0x80,
    0x0C, 0x12, 0xC0, 0x18, 0x26, 0x70, 0x18, 0xC6, 0x3C, 0x09, 0x06, 0x00, 0x00, 0x04,
0x00,0x00,
    0x04,0x00,0x00,0x00,0x00,0x00,0x00,0x00,/ * "深",0 * /


    0x00, 0x00, 0x00, 0x00, 0x00, 0x00, 0x00, 0x00, 0x30, 0x00, 0x00, 0x18, 0x06, 0x00,
0x10,0x02,
    0x00, 0x10, 0x02, 0x00, 0x10, 0x02, 0x19, 0x10, 0x02, 0x19, 0x10, 0x02, 0x19, 0x10,
0x07,0x99,
    0x10, 0x02, 0x19, 0x10, 0x02, 0x19, 0x10, 0x02, 0x59, 0x10, 0x03, 0x99, 0x10, 0x06,
0x11,0x10,
    0x38, 0x11, 0x10, 0x10, 0x11, 0x10, 0x00, 0x20, 0x10, 0x00, 0x40, 0x10, 0x00, 0x00,
0x10,0x00,
    0x00,0x10,0x00,0x00,0x10,0x00,0x00,0x00,/ * "圳",1 * /
```

9.2.6 代码及现象

编写一个 ssd1306.py 文件(具体代码请参考附录)，将其放入/pyboard 中，然后编写 main. py。main. py 代码如下：

```
import machine, ssd1306
from machine import SPI,Pin
spi = SPI(1, sck = Pin(14), mosi = Pin(13), miso = Pin(12), baudrate = 16 * 1024 *
1024)
oled = ssd1306.SSD1306_SPI(128,64, spi,dc = Pin(2), res = Pin(0), cs = Pin(15))
oled. text('MicroPython',0,0)
oled. text('on',30,10)
oled. text('ESP32',10,20)
oled. show()
```

以上代码首先构建 SPI 对象,再构建一个 ssd1306 对象,使用的是 SPI 接口;然后,使用 text()来显示需要显示的字符串;最后,使用 show()即可刷新显示了。

运行结果如图 9.7 所示。

图 9.7 运行结果

除了上述使用的 text()函数显示字符串外,还有其他的显示函数,如下：

fill(col)：使用指定的颜色填充整个屏幕。如,fill(1)会满屏点亮;fill(0)会清除全屏。

pixel(x, y, col)：如果未给出 col,则获取指定像素的颜色值;如果给出 col,则将指定的像素设置为给定的颜色。

scroll(dx, dy)：按给定的向量移动显示的内容。这可能会在屏幕中留下以前颜色的足迹。

line(x1, y1, x2, y2,col)：使用给定颜色和 1 个像素的厚度从一组坐标中绘制一条线。

fill_rect(x，y，w，h，col)：在给定的位置,用给定的大小和颜色填充一个矩形区域。

9.2.7　重难点归纳

在使用 OLED 屏的时候,很多初学者可能会在初始化的步骤下花费大量的时间,其实不然。以作者多年的经验来看,对于一个新的设备,厂家会提供相对应的初始化序列,直接拿来使用即可。很多初学者在调试过程中,通信协议根本没有调通,从而导致通信失败,以致于没有出现最终效果。所以读者应该把学习的重心转移到 SPI 通信协议以及相关函数的封装和调用上。

9.3　空气温湿度采集

本项目通过 DHT11 数字温湿度传感器(见图 9.8)进行空气温湿度的数据采集。DHT11 数字温湿度传感器是一款含有已校准数字信号输出的温湿度复合传感器。它应用专用的数字模块采集技术和温湿度传感技术,确保产品具有极高的可靠性与卓越的长期稳定性。传感器包括一个电阻式感湿元件和一个 NTC 测温元件,并与一个高性能 8 位单片机相连接。因此该产品具有品质卓越、超快响应、抗干扰能力强、性价比极高等优点。每个 DHT11 传感器都在极为精确的湿度校验室中进行校准,校准系数以程序的形式储存在 OTP 内存中,传感器内部在检测信号的处理过程中要调用这些校准系数。单线制串行接口,使系统集成变得简易快捷。超小的体积、极低的功耗,信号传输距离可达 20 米以上,使其成为各类应用甚至最为苛刻的应用场合的最佳选择。

图 9.8　DHT11 数字温湿度传感器

9.3.1　DTH11 驱动

9.3.1.1　DHT11 数据格式

DHT11 数字湿温度传感器采用单总线数据格式,即单个数据引脚端口完成输入/输出双向传输。其数据包由 5 Byte(40 bit)组成。数据分小数部分和整数部分,一次完整的数据传输为 40 bit,高位先出。DHT11 的数据格式为:8 bit 湿度整数数据＋8 bit 湿度小数数据＋8 bit 温度整数数据＋8 bit 温度小数数据＋8 bit 校验和。其中校验和数据为前四个字节相加。

传感器数据输出的是未编码的二进制数据。数据(湿度、温度、整数、小数)之间应该分开处理。例如,某次从 DHT11 读到的数据如图 9.9 所示。

byte4	byte3	byte2	byte1	byte0
00101101	00000000	00011100	00000000	01001001
整数	小数	整数	小数	校验和
湿度		温度		校验和

图 9.9　某次读取到的数据

由以上数据可得到湿度和温度的值,计算方法如下:

湿度＝ byte4 . byte3＝45.0(%RH)

温度＝ byte2 . byte1＝28.0(℃)

校验＝ byte4＋ byte3＋ byte2＋ byte1＝73＝湿度＋温度(校验正确)

9.3.1.2　DHT11 驱动时序

DHT11 驱动时序如图 9.10 所示。

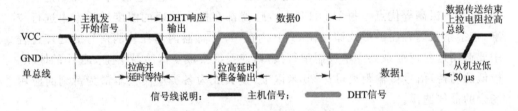

信号线说明:━━━ 主机信号;　━━━ DHT信号

图 9.10　DHT11 驱动时序

一次通信的过程:主机发送开始信号,DHT11 回响应,等待 DHT11 测量,读取 DHT11 测量结果,结束一次通信。具体步骤如下(DATA 的空闲状态是高电平):

开始信号:主机把 DATA 拉低并且保持至少 18 ms 后,拉高 DATA 结束开始信号。

等待 DHT11 响应:等待 DATA 被 DHT11 拉低。

等待响应结束:等待 DATA 被 DHT11 拉高。

等待 DHT11 测量结束后发送数据:等待 DATA 被 DHT11 拉低。连续判断 40 位数据。解析数据,判断数据准确性。

根据 DHT11 的通信时序及数据解析方法,可以编写出 DHT11 的驱动程序,具体代码请参考附录。

9.3.2　获取温湿度值

驱动代码 dht11.py 编写好后,将其放入/pyboard 中。接下来进行硬件接线,如图 9.11 所示。

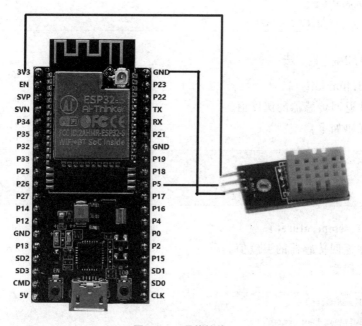

图 9.11　硬件接线

接下来编写主程序 main.py 来获取温湿度值,代码如下:

```
dht11 = DHT11(Pin(5))
while 1:
    data = dht11.ReadDht11()
    if data:
        print(data)
    utime.sleep_ms(500)
```

9.3.3　MicroPython 中的 DHT 模块

DHT 模块中提供了 DHT 系列温湿度传感器读取相关的函数。有了这个库,用户就不需要自己编写驱动代码,驱动 DHT11 或者 DHT22 极为方便。更推荐读者使用 DHT 模块直接驱动。

9.3.3.1　构造 DHT11 对象

class DHT11(pin)

创建一个与引脚 pin 相连的 DHT11 传感器对象。

pin：引脚。GPIO0/2/4/5/16/17/18/19/21/22/23/25/26/27。

示例代码如下：

```
>>> from machine import Pin
>>> import dht
>>> d = dht.DHT11(Pin(5))
```

9.3.3.2 方 法

DHT11. humidity( )

读取并返回传感器的湿度值。

示例代码如下：

```
>>> d.measure()
>>> print(d.humidity())
59
```

DHT11. temperature( )

读取并返回传感器的温度值。

示例代码如下：

```
>>> d.measure()
>>> print(d.temperature())
28
```

类 DHT22 与 DHT11 类似，不再赘述。

9.3.4 实验现象

初始化好 DHT11 相关时序并在主函数调用后，就可以看到命令串口输出相应的温湿度信息，如图 9.12 所示。

图 9.12 温湿度信息

9.3.5　重难点归纳

DHT11 使用起来非常方便,用户不需要编写相关的获取温湿度数据的函数。初学者可以把重点放在理解 DHT11 独特的单总线通信协议上,只需要按照通信的时序编写好驱动代码,然后直接调用 MicroPython 自带的函数即可获取到数据。

但是,DHT11 并不能用在温湿度精度要求较高的场合,如果想要获取到误差更小的温湿度数据,应选用别的设备,例如 SHT20 就是不错的选择。

9.4　环境光照强度测量

9.4.1　工作原理

本项目采用光敏电阻传感器模块(见图 9.13)来获取环境光照强度。光敏电阻是用硫化镉或硒化镉等半导体材料制成的电阻器,其工作原理是光电效应。随着光照强度的升高,电阻值迅速降低,由于光照产生的载流子都是参与导电,在外加电场的作用下做漂移运动,电子奔向电源的正极,空穴奔向电源的负极,从而使光敏电阻器的阻值迅速下降。其在无光照时,几乎呈高阻状态,暗电阻很大。

图 9.13　光敏电阻传感器模块

9.4.2　接口说明

VCC:电源正极(3.3~5 V);

GND:电源负极;

DO:TTL 开关信号输出;

AO:模拟信号输出。

注意:电源极性不能接反,否则有可能将芯片烧坏,开关信号指示灯亮时输出低电平,不亮时输出高电平,信号输出的电平接近于电源电压。

9.4.3　例程分析

首先连接好线路,VCC 与 3V3 连接,GND 与 GND 连接,AO 连接 P34,如图 9.14所示。

可以使用 MicroPython 的 ADC 模块进行数据转换,编写光敏电阻传感器驱动代码。首先需要设置 34 号引脚作为 ADC 采样引脚,接下来需要设置相应的衰减比

图 9.14 光敏电阻接线图

以及数据的宽度,最后就可以直接调用相应的读取函数来完成数据的获取。

驱动程序 LightIntensity.py,代码如下:

```
from machine import ADC,Pin
adc = ADC(Pin(34)) #声明 ADC 对象 设置 D34 号引脚作为 ADC 采样引脚
adc.atten(ADC.ATTN_11DB) #设置衰减比 满量程 3.3V
adc.width(ADC.WIDTH_10BIT) #设置数据宽度为 10 bit
def getLight():
    adc.read()
    print("ad_val = % d" % (adc.read()))
    print("电压值为 % .1f" % (adc.read() * 3.3/4096))
    print("光线强度为 % d" % (adc.read() /4096 * 100)
```

主程序 main.py,代码如下:

```
fromLightIntensity import *
import utime
while Ture:
    getLight()
    utime.sleep_ms(200)
```

把 LightIntensity.py 和 main.py 一起放进/pyboad 中。重启 ESP32 后就可以获取到光照强度。随着环境光照强度不同,会得到不同的值。通过手机闪光灯照射该模块,也可以获得大小不同的值。

9.4.4 实验现象

具体现象如图 9.15 所示。可以看到数据会随着光强的变化来进行变化。

9.4.5 重难点归纳

光敏电阻模块主要用到了 ADC 采集的相关知识原理。光敏电阻是根据当前的光照强度来获取到相应的电阻值,再把电阻值转换为相应的电压值,所以目前工作的重点在于如何去获取到相关的模拟信号,而读者需要做的工作就是调用自带的 api 函数来获取到相应的数字量即可。

```
ad_val=2503
电压值为2.0
光线强度: 61%
ad_val=2474
电压值为2.0
光线强度: 60%
ad_val=2458
电压值为2.0
光线强度: 60%
ad_val=2455
电压值为2.0
光线强度: 59%
ad_val=2460
电压值为2.0
光线强度: 60%
ad_val=2459
电压值为2.0
光线强度: 60%
ad_val=2460
电压值为2.0
光线强度: 60%
```

图 9.15 实验现象

9.5 雨水检测

9.5.1 工作原理

设备通过雨滴传感器计算当前的雨量。雨滴传感器采用高品质的 FR－04 双面材料,表面进行镀镍处理,抗氧化,寿命长,是一款性能强大的传感器。雨滴传感器模块实物图如图 9.16 所示。

图 9.16 雨滴传感器

雨滴传感器模块带有电源指示灯和信号指示灯;灵敏度可通过电位器调节;输出信号包含数字信号和模拟信号两种;当没有雨滴时,数字信号接口输出为高电平,有雨滴时,数字信号接口输出为低电平;模拟信号接口输出当前的雨量大小值,可以直接通过单片机 ADC 接口采集雨量数据。

9.5.2　连线说明

具体硬件连线如图 9.17 所示。由图可知,只要给雨滴传感器模块供电以及连接好相应的模拟和数字接口,就可以根据当前雨滴的数量统计出雨当前的状态。和 9.4 节所述光强检测一样,此处也需要用到 ADC 的转换函数。

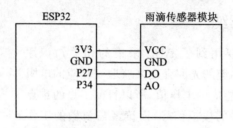

图 9.17　雨滴传感器模块与 ESP32 接线图

9.5.3　例程分析

完成硬件接线后,编写驱动程序 rainFall. py,代码如下:

```
from machine import ADC,Pin
rain_pin = Pin(27,Pin. IN)
adc = ADC(Pin(34)) ♯ 声明 ADC 对象 设置 D34 号引脚作为 ADC 采样引脚
adc.atten(ADC.ATTN_11DB) ♯设置衰减比 满量程 3.3 V
adc.width(ADC.WIDTH_10BIT) ♯设置数据宽度为 10 bit
def getRainAo():
    return adc. read()
def getRainDo():
    returnrain_pin. value()
```

主程序 main. py,代码如下:

```
from rainFall import *
import utime
while True:
    flag = getRainDo()
    if 0 == flag:
        print("rainfall analog value: % s" % getRainAo())
```

以上程序通过 getRainDo() 进行检测,一旦检测到有雨水就打印出具体的雨量值。

把 rainFall. py 放入/pyboad 中,编写好 main. py,重启 ESP32 后就可以进行雨水检测。

9.5.4　运行现象

没有雨水时,指示灯不亮;有雨水时(可以自行喷水到集水板上),指示灯自动点亮。实物如图 9.18 所示,可以得到雨量值,如图 9.19 所示。

图 9.18　实物现象

```
rainfall analog value:379
rainfall analog value:380
rainfall analog value:380
rainfall analog value:382
rainfall analog value:383
rainfall analog value:383
rainfall analog value:386
rainfall analog value:386
rainfall analog value:388
rainfall analog value:388
rainfall analog value:388
```

图 9.19　运行现象

9.5.5　重难点归纳

雨滴检测模块是一款集成度较高的模块,本质上也是采用 ADC 转换的原理。如果当前在模块上的水滴数量不同,那么对应的电压值也会有所不同,可以以此来判断到底有没有成功驱动该模块。读者需要做的就是将 ADC 引脚以及相应的采集功能打开,获取数据。

9.6 烟雾浓度检测

9.6.1 工作原理

MQ-2 型烟雾传感器(见图 9.20)属于二氧化锡半导体气敏材料,属于表面离子式 N 型半导体。当温度处于 200~300 ℃时,二氧化锡吸附空气中的氧,形成氧的负离子吸附,使半导体中的电子密度减少,从而使其电阻值增加。当与烟雾接触时,如果晶粒间界处的势垒收到烟雾的浓度而变化,就会引

图 9.20 MQ-2 型烟雾传感器

起表面电导率的变化。利用这一点就可以获得这种烟雾存在的信息,烟雾的浓度越大,电导率越大,输出电阻越低,则输出的模拟信号就越大。

9.6.2 使用说明

① MQ-2 型烟雾传感器模块对环境液化气、丁烷、丙烷、甲烷、酒精、烟雾等较敏感。

② 模块在无上述气体影响或者气体浓度未超过设定阈值时,数字接口 DO 口输出高电平,模拟接口 AO 电压基本为 0 V 左右;当气体影响超过设定阈值时,模块数字接口 DO 输出低电平,模拟接口 AO 输出的电压会随着气体的影响慢慢增大。

③ 小板数字量输出 DO 可以与 ESP32 直接相连,通过单片机来检测高低电平,由此来检测环境气体。

④ 小板模拟量输出 AO 可以和 ESP32 的 ADC 功能引脚相连,通过 A/D 转换,可以获得环境气体浓度精准的数值。

9.6.3 连 线

具体连线如图 9.21 所示。

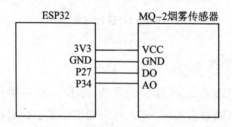

图 9.21 MQ-2 烟雾传感器与 ESP32 接线图

9.6.4　例程分析

完成硬件接线后,编写驱动程序 MQ2.py,代码如下:

```
from machine import ADC,Pin
mq2_pin = Pin(27,Pin.IN)
adc = ADC(Pin(34))  # 声明 ADC 对象 设置 D34 号引脚作为 ADC 采样引脚
adc.atten(ADC.ATTN_11DB)  # 设置衰减比 满量程 3.3 V
adc.width(ADC.WIDTH_10BIT)  # 设置数据宽度为 10 bit
def getMQ2Ao():
    return adc.read()
def getMQ2Do():
    return mq2_pin.value()
```

主程序 main.py,代码如下:

```
fromMQ2 import *
import utime
while True:
    flag = getMQ2Do()
    if 0 == flag:
        print("毒气浓度:% s" % getMQ2Ao())
```

9.6.5　实验现象

以上程序通过 getMQ2Do()进行检测,一旦气体影响超过设定阈值,就打印出具体的气体浓度值。具体现象如图 9.22 所示。

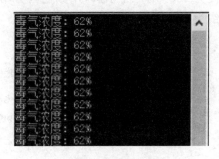

图 9.22　实验现象

9.6.6　重难点归纳

在使用本模块的时候,一定需要把相应的阈值调节好,否则可能看不到效果。初学者在调试过程中,如果想要看到效果,可以吹一口气到该模块上,因为呼出的气体中含有二氧化碳，可以达到一个毒气检测的效果。

9.7 舵机控制浇灌

设备通过舵机控制水管，实现对水管的出水角度和旋转速率的调节。舵机实物如图 9.23 所示。

图 9.23 舵机实物图

9.7.1 工作原理

舵机的最大旋转角度为 $180°$，有三个引脚，用颜色区分功能。其中，红色线为电源，棕色线为地线，橙色线为 PWM 信号线，如图 9.24 所示。

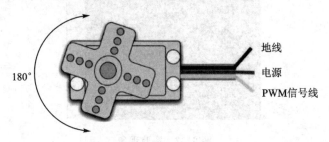

图 9.24 舵机引脚

舵机的伺服系统由可变宽度的脉冲来进行控制，控制线是用来传送脉冲的。脉冲的参数有最小值、最大值和频率。一般而言，舵机的基准信号周期为 20 ms，宽度为 1.5 ms，这个基准信号定义的位置为中间位置，角度是由来自控制线的持续的脉冲所产生的。该脉冲的高电平部分一般为 0.5～2.5 ms 范围内的角度控制脉冲部分,总间隔为 2 ms。这种控制方法叫做脉冲调制,脉冲的长短决定舵机转动角度的大小。相关脉冲如图 9.25 所示。

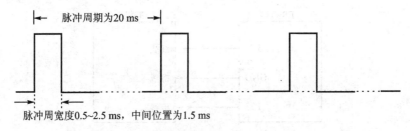

图 9.25 脉冲调制

例如,1.5 ms 脉冲会转动到中间位置(对于 180°舵机来说,就是 90°位置)。当控制系统发出指令,让舵机移动到某一位置,并让其保持这个角度,这时外力的影响不会让其角度产生变化,但这是有上限的,上限就是它的最大扭力。除非控制系统不停地发出脉冲稳定舵机的角度,否则舵机的角度不可能一直不变。

180°伺服对应的控制关系如图 9.26 所示。

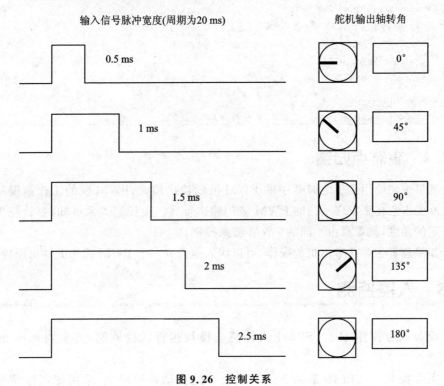

图 9.26 控制关系

9.7.2　连　线

舵机与 ESP32 的硬件连接方法如图 9.27 所示。

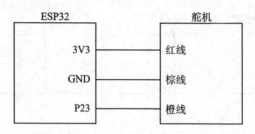

图 9.27　舵机与 ESP32 的硬件连接图

9.7.3　例程分析

可以直接使用 ESP32 MicroPython 的 PWM 输出来控制舵机。在频率 $f = 50$ Hz, 即 $T = 20$ ms 时, duty 在 20~120 的范围内实现 0°~180°的转动。示例代码如下：

```
from machine import PWM, Pin
servo = PWM (Pin(23), freq = 50, duty = 0)
def servoControl(data):          #data:20~120
    servo.duty(data)
servoControl(20)                 #0°
servoControl(120)                #180°
servoControl(100)                #逆时针转一点角度
```

9.7.4　重难点归纳

舵机模块使用到了定时器中的 PWM 波的输出模式, PWM 波的工作原理就是通过改变占空比来实现不同的 PWM 波的输出形式。由控制关系可知, 要让舵机转到一定的角度, 就需要由不同的 PWM 波来控制。

如果读者主要从事电机的操作, 可以深入地研究一下 PWM 的相关输出原理。

9.8　入侵监测

设备通过使用 HC‐SR501 人体感应模块进行入侵监测, 其实物如图 9.28 所示。

完美版 HC‐SR501 是基于红外线技术的自动控制模块, 采用德国原装进口 LHI778 探头设计, 灵敏度高, 可靠性强, 超低电压工作模式, 广泛应用于各类自动感应电器设备, 尤其是干电池供电的自动控制产品。

图 9.28　HC‐SR501 人体感应模块实物图

9.8.1　功能特点

① 全自动感应:若有人进入其感应范围,则输出高电平;人离开感应范围,则自动延时关闭高电平,输出低电平。

② 光敏控制(可选):模块预留有位置,可设置光敏控制,白天或光线强时不感应。光敏控制为可选功能,出厂时未安装光敏电阻。如果需要,需另行购买光敏电阻自己安装。

③ 两种触发方式:L 为不可重复,H 为可重复。可跳线选择,默认为 H。不可重复触发方式:即感应输出高电平后,延时时间一结束,输出将自动从高电平变为低电平。可重复触发方式:感应输出高电平后,在延时时间段内,如果有人体在其感应范围内活动,其输出将一直保持高电平,直到人离开后才延时将高电平变为低电平(感应模块检测到人体的每一次活动后会自动顺延一个延时时间段,并且以最后一次活动的时间为延时时间的起始点)。

④ 具有感应封锁时间(默认设置:3～4 秒):感应模块在每一次感应输出后(高电平变为低电平),可以紧跟着设置一个封锁时间,在此时间段内感应器不接收任何感应信号。此功能可以实现两者(感应输出时间和封锁时间)的间隔工作,可应用于间隔探测产品;同时此功能可有效抑制负载切换过程中产生的各种干扰。

⑤ 工作电压范围宽:默认工作电压为 DC 5～20 V。

⑥ 微功耗:静态电流 65 μA,特别适合干电池供电的电器产品。

⑦ 输出高电平信号:可方便与各类电路实现对接。

9.8.2 使用说明

　　① 感应模块通电后有 1 分钟左右的初始化时间,在此时间模块会间隔地输出 0～3 次,1 分钟后进入待机状态。

　　② 应尽量避免灯光等干扰源近距离直射模块表面的透镜,以免引进干扰信号产生误动作;使用环境尽量避免流动的风,风也会对感应器造成干扰。

　　③ 感应模块采用双元探头,探头的窗口为长方形,双元(A 元和 B 元)位于较长方向的两端。当人体从左到右或从右到左走过时,红外光谱到达双元的时间、距离有差值,差值越大,感应越灵敏;当人体从正面走向探头或从上到下或从下到上方向走过时,双元检测不到红外光谱距离的变化,无差值,因此感应不灵敏或不工作。所以安装感应器时应使探头双元的方向与人体活动最多的方向尽量相平行,保证人体经过时先后被探头双元所感应。为了增加感应角度范围,本模块采用圆形透镜,也使得探头四面都感应,但左右两侧仍然比上下两个方向感应范围大、灵敏度强,安装时仍须尽量按以上要求。

9.8.3 连　线

　　人体感应模块与 ESP32 的硬件连接如图 9.29 所示。

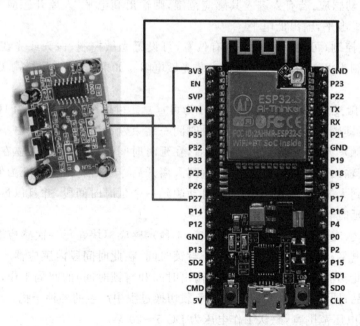

图 9.29　人体感应模块与 ESP32 的硬件连接图

9.8.4　例程分析

直接使用封装好的函数,调用即可完成检测。

编写 security.py 文件,代码如下:

```
from machine import Pin
motion_detect = Pin(27,Pin.IN)
def detectMotion():
    return motion_detect.value()
```

把 security.py 放到/pyboard 中,然后在 main.py 中调用 detectMotion(),在一定范围内如果检测到有人经过,detectMotion()就会返回 1,否则返回 0。

9.9　照明控制

本项目采用 LED 灯模拟真实的灯泡。ESP32 板载了一个 LED 灯,与 P2 相连,如图 9.30 所示。

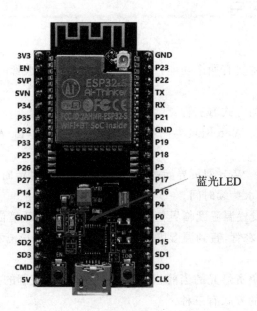

图 9.30　LED 灯

编写灯光控制 light.py 文件,代码如下:

```
from machine import Pin
led = Pin(2)
```

```
def lightOn();
     led.on()
def lightOff();
     led.off()
```

9.10　云服务器平台创建

参考第 7 章相关内容进行本项目的服务器端功能自定义,然后使用 MQTT 使设备与阿里云服务器连接起来。

功能列表中应有温度-Temp、湿度-humi、光照强度-light_ intensity、雨水量-rain、烟雾浓度-somke_intensity、舵机角度-angle、照明控制-light。

上行通信(设备→服务器):温度-Temp、湿度-humi、光照强度-light_ intensity、雨水量-rain、烟雾浓度-somke_intensity。

双向通行(设备↔服务器):舵机角度-angle、照明控制-light。

9.11　项目综合

1. 浇灌控制

浇灌控制界面主要有两个功能:一是显示系统中所有水管的运行状态;二是对水管进行远程控制。

远程控制水管的方式有三种:

- 手动控制:在 Web 网页界面填写水管旋转角度,单击 Web 网页按钮实现人为控制。
- 定时控制:在 Web 网页界面配置浇水时间,水管将定时自动实现浇水,还可配置水管浇水持续时间。
- 自动控制:设置温湿度临界值,当服务器获取到的环境温湿度值低于临界值时自动开启水管,直到温湿度高于临界值时自动停止浇水。

2. 灯光控制

灯光控制界面负责灯光的当前状态显示并提供远程控制的接口。

远程控制灯光的方式有三种:

- 手动控制:单击 Web 网页界面的灯光开关实现对灯管远程控制。
- 定时控制:在 Web 界面配置灯光自动开启或关闭的时间,灯光将定时执行开关动作。
- 自动控制:设置灯光开启或者关闭的光照强度临界值,当服务器获取到的光照强度值低于开启临界值时灯光自动开启,高于关闭临界值时灯光自动关闭。

附　　录

1. SSD1306 初始化代码
ssd1306.py

```
# ESP32 MicroPython SSD1306 OLED driver, SPI interfaces
import time
import framebuf
# register definitions
SET_CONTRAST          = const(0x81)
SET_ENTIRE_ON         = const(0xa4)
SET_NORM_INV          = const(0xa6)
SET_DISP              = const(0xae)
SET_MEM_ADDR          = const(0x20)
SET_COL_ADDR          = const(0x21)
SET_PAGE_ADDR         = const(0x22)
SET_DISP_START_LINE   = const(0x40)
SET_SEG_REMAP         = const(0xa0)
SET_MUX_RATIO         = const(0xa8)
SET_COM_OUT_DIR       = const(0xc0)
SET_DISP_OFFSET       = const(0xd3)
SET_COM_PIN_CFG       = const(0xda)
SET_DISP_CLK_DIV      = const(0xd5)
SET_PRECHARGE         = const(0xd9)
SET_VCOM_DESEL        = const(0xdb)
SET_CHARGE_PUMP       = const(0x8d)
class SSD1306:
    def __init__(self, width, height, external_vcc):
        self.width = width
        self.height = height
        self.external_vcc = external_vcc
        self.pages = self.height // 8
```

```
        # Note the subclass must initialize self.framebuf to a framebuffer.
        # This is necessary because the underlying data buffer is different
        # between I2C and SPI implementations (I2C needs an extra byte).
        self.poweron()
        self.init_display()
    def init_display(self):
        for cmd in (
            SET_DISP | 0x00, # off
            # address setting
            SET_MEM_ADDR, 0x00, # horizontal
            # resolution and layout
            SET_DISP_START_LINE | 0x00,
            SET_SEG_REMAP | 0x01, # column addr 127 mapped to SEG0
            SET_MUX_RATIO, self.height - 1,
            SET_COM_OUT_DIR | 0x08, # scan from COM[N] to COM0
            SET_DISP_OFFSET, 0x00,
            SET_COM_PIN_CFG, 0x02 if self.height == 32 else 0x12,
            # timing and driving scheme
            SET_DISP_CLK_DIV, 0x80,
            SET_PRECHARGE, 0x22 if self.external_vcc else 0xf1,
            SET_VCOM_DESEL, 0x30, # 0.83 * Vcc
            # display
            SET_CONTRAST, 0xff, # maximum
            SET_ENTIRE_ON, # output follows RAM contents
            SET_NORM_INV, # not inverted
            # charge pump
            SET_CHARGE_PUMP, 0x10 if self.external_vcc else 0x14,
            SET_DISP | 0x01): # on
            self.write_cmd(cmd)
        self.fill(0)
        self.show()
    def poweroff(self):
        self.write_cmd(SET_DISP | 0x00)
    def contrast(self, contrast):
        self.write_cmd(SET_CONTRAST)
        self.write_cmd(contrast)
    def invert(self, invert):
        self.write_cmd(SET_NORM_INV | (invert & 1))
    def show(self):
        x0 = 0
        x1 = self.width - 1
```

```
            if self.width == 64:
                # displays with width of 64 pixels are shifted by 32
                x0 += 32
                x1 += 32
            self.write_cmd(SET_COL_ADDR)
            self.write_cmd(x0)
            self.write_cmd(x1)
            self.write_cmd(SET_PAGE_ADDR)
            self.write_cmd(0)
            self.write_cmd(self.pages - 1)
            self.write_framebuf()
        def fill(self, col):
            self.framebuf.fill(col)
        def pixel(self, x, y, col):
            self.framebuf.pixel(x, y, col)
        def scroll(self, dx, dy):
            self.framebuf.scroll(dx, dy)
        def text(self, string, x, y, col = 1):
            self.framebuf.text(string, x, y, col)
        def line(self,x1, y1, x2, y2,col):
            self.framebuf.line(x1, y1, x2, y2, col)
        def fill_rect(self,x, y, w, h, col):
            self.framebuf.fill_rect(x, y, w, h, col)
class SSD1306_SPI(SSD1306):
    def __init__(self, width, height, spi, dc, res, cs, external_vcc = False):
        self.rate = 10 * 1024 * 1024
        dc.init(dc.OUT, value = 0)
        res.init(res.OUT, value = 0)
        cs.init(cs.OUT, value = 1)
        self.spi = spi
        self.dc = dc
        self.res = res
        self.cs = cs
        self.buffer = bytearray((height // 8) * width)
        self.framebuf = framebuf.FrameBuffer1(self.buffer, width, height)
        super().__init__(width, height, external_vcc)
    def write_cmd(self, cmd):
        self.spi.init(baudrate = self.rate, polarity = 0, phase = 0)
        self.cs.on()
        self.dc.off()
        self.cs.off()
```

```
                self.spi.write(bytearray([cmd]))
                self.cs.on()
        def write_framebuf(self):
                self.spi.init(baudrate = self.rate, polarity = 0, phase = 0)
                self.cs.on()
                self.dc.on()
                self.cs.off()
                self.spi.write(self.buffer)
                self.cs.on()
        def poweron(self):
                self.res.on()
                time.sleep_ms(1)
                self.res.off()
                time.sleep_ms(10)
                self.res.on()
```

2. DHT11 驱动代码

```
from machine import UART
from machine import Pin
import utime
# 类
class DHT11:
        def __init__(self,pin_):
                self.pin = pin_
                self.pin.init(Pin.OPEN_DRAIN)
                self.pin.value(1) # 空闲状态
        def ReadDht11(self):
                P = self.pin
                # start
                P.value(0)
                utime.sleep_ms(20)
                P.value(1)
                # GetAck
                cnt = 0
                while P.value() == 1:
                        cnt += 1
                        utime.sleep_us(2)
                        if(cnt >= 25):
                                return
                        continue
```

```python
while P. value() == 0:
    continue
while P. value() == 1:
    continue
# READ
i = 0
data = []
while i < 40:
    while P. value() == 0: # 等待 50us 的低电平时间结束
        continue
    utime. sleep_us(28)
    if P. value():
        data. append(1)
    else:
        data. append(0)
    cnt = 0
    while P. value() == 1:
        cnt += 1
        utime. sleep_us(1)
        if(cnt >= 25):
            return
        continue
    i += 1
# READ OVER
P. value(1)
utime. sleep_us(50)
humidity_bit = data[0:8]
humidity_point_bit = data[8:16]
temperature_bit = data[16:24]
temperature_point_bit = data[24:32]
check_bit = data[32:40]
humidity = 0
humidity_point = 0
temperature = 0
temperature_point = 0
check = 0
i = 0
for i in range(8):
    humidity += humidity_bit[i] * 2 ** (7 - i)
    humidity_point += humidity_point_bit[i] * 2 ** (7 - i)
    temperature += temperature_bit[i] * 2 ** (7 - i)
```

```
            temperature_point += temperature_point_bit[i] * 2 * * (7 - i)
            check += check_bit[i] * 2 * * (7 - i)
    tmp = humidity + humidity_point + temperature + temperature_point
    if check == tmp:
        print('Temp is',temperature,'Humi is',humidity,'%')
    else:
         print('SHUJUCUOWU',humidity,humidity_point,temperature,temperature_
point,check)

        return
    return 'temp:' + str(temperature) + '   ' + 'humi:' + str(humidity)
```

参考文献

[1] 王永虹,徐炜,郝立平.STM32 系列 ARM Cortex – M3 微控制器原理与实践
    [M].北京:北京航空航天大学出版社,2008.
[2] 喻金钱,喻斌.STM32F 系列 ARM Cortex – M3 核微控制器开发与应用[M].北
    京:清华大学出版社,2011.
[3] 蒋崇武,刘斌,王轶辰,等.基于 Python 的实时嵌入式软件测试脚本[J].计算机
    工程,2009,35(15):64-66,73.